高等学校土建类学科专业"十三五"规划教材
高等学校规划教材

土木工程制图习题集（第二版）

马彩祝　谢　坚　黄　莉　编

中国建筑工业出版社

图书在版编目（CIP）数据

土木工程制图习题集/马彩祝等编．—2 版．—北京：中国建筑工业出版社，2019.11（2024.6重印）

高等学校土建类学科专业"十三五"规划教材

高等学校规划教材

ISBN 978-7-112-24177-4

Ⅰ.①土…　Ⅱ.①马…　Ⅲ.①土木工程-建筑制图-高等学校-习题集　Ⅳ.①TU204-44

中国版本图书馆 CIP 数据核字（2019）第 194011 号

本习题集是马彩祝、谢坚、黄莉编的《土木工程制图》的配套教学用书，目录的章节与教材相对应。本习题集以"必需、够用"为原则，依据《房屋建筑制图统一标准》及有关专业制图标准进行编写，在结构施工图中详细介绍了平法规则，并采用多个图例讲解施工图的平法读图。本次修订还增加了计算机绘图部分，但相当一部分习题需要学生徒手绘制完成。为便于学生学习，书后附有部分答案，供参考。

本书可作为高等学校土建类专业的本、专科教材，也可供工程技术人员培训使用。

* * *

责任编辑：王美玲　张莉英

责任校对：张惠雯

高等学校土建类学科专业"十三五"规划教材

高等学校规划教材

土木工程制图习题集（第二版）

马彩祝　谢　坚　黄　莉　编

*

中国建筑工业出版社出版、发行（北京海淀三里河路 9 号）

各地新华书店、建筑书店经销

北京红光制版公司制版

北京市密东印刷有限公司印刷

*

开本：787×1092 毫米　横 1/16　印张：9¼　字数：125 千字

2019 年 12 月第二版　　2024 年 6 月第十次印刷

定价：**28.00** 元

ISBN 978-7-112-24177-4

（34606）

第 二 版 前 言

本习题集与中国建筑工业出版社出版的由马彩祝、谢坚、黄莉编的《土木工程制图》第二版教材配套使用。目录的章节与教材相对立。

土木工程制图是一门实践性较强的课程，习题和作业是实践性教学环节的重要内容。通过习题练习和训练，可以帮助学生消化、巩固基础理论知识，以提高学生绘图和识图能力，为后续专业课的学习打下坚实的基础。

本习题集以必需、够用为原则，依据《房屋建筑制图统一标准》及有关专业制图标准进行编写，要求学生解答习题时也必须按投影的基础理论和制图标准的相关要求进行。随着建筑业的不断发展，建筑结构施工图平面整体设计方法对我国目前的钢筋混凝土结构施工图的设计表示方法作了重大改革，已广泛应用于设计和施工部门。故此，本书在结构施工图中详细介绍了平法规则，并采用多个图例讲解施工图的平法读图。本习题集还为学生绘制了部分答案，供学生参考。

本习题集中涉及计算机绘图部分，计算机绘图能力是时代的需要。为使学生在掌握土木工程制图课程基础理论知识的同时，进一步提高专业绘图能力，相当一部分习题需要学生徒手绘制完成。习题中的字体和图线应按国际要求书写和绘制，各种作图应清晰准确。绘图作业中的线型、线宽应按作业要求绘制或由教师指定。通过本习题集的学习与训练，学生应具备以下能力：

（1）掌握正投影等投影特性和投影规律及作图方法。熟悉和了解土木工程制图有关国家标准及其他有关标准和规定。

（2）掌握常用绘图工具的操作技能，了解尺寸标注的基本方法，具备徒手绘图和 CAD 绘图的基本能力。

（3）初步掌握建筑施工图、结构施工图图样的表达方式和阅读方法，并具备绘制中等复杂的土木工程图样的能力。

本习题集由广州华商职业学院马彩祝、广州大学谢坚、黄莉编。在编写过程中，参阅了多本国内同行的同类教材，在此表示衷心感谢！

由于编者的专业水平和实践经验有限，书中难免有疏漏和不妥之处，恳请读者和同行批评指正。

编　者

2019 年 3 月

第 一 版 前 言

本习题集与中国建筑工业出版社出版的由马彩祝、黄莉、谢坚主编的《土木工程制图》教材配套使用。目录的章节与教材相对应。

土木工程制图是一门实践性较强的课程，习题和作业是实践性教学环节的重要内容。通过习题练习和训练，可以帮助学生消化、巩固基础理论知识，以提高学生绘图和识图能力，为后续专业课的学习打下坚实的基础。

本习题集以"必需、够用"为原则，依据《房屋建筑制图统一标准》及有关专业制图标准进行编写，要求学生解答习题时也必须按投影的基础理论和制图标准的相关要求进行。随着建筑业的不断发展，建筑结构施工图平面整体设计方法对我国目前的钢筋混凝土结构施工图的设计表示方法作了重大改革，已广泛应用于设计和施工部门。故此，本书在结构施工图中详细介绍了平法规则，并采用多个图例讲解施工图的平法读图。

本习题集中没有涉及计算机绘图部分，为使学生在掌握土木工程制图课程基础理论知识的同时，进一步提高专业绘图能力，所有习题均需学生手绘完成。习题中的字体和图线应按国标要求书写和绘制，各种作图应清晰准确。绘图作业中的线型、线宽应按作业要求绘制或由教师指定。通过本习题集的学习与解答，学生应具备以下能力：

(1) 熟悉和了解土木工程制图有关国家标准及其他有关标准和规定。

(2) 掌握正投影、轴测投影的投影特性和投影规律及作图方法。

(3) 掌握常用绘图工具的操作技能，了解尺寸标注的基本方法，具备绘制和阅读投影图的基本能力。

(4) 初步掌握建筑施工图、结构施工图图样的表达方式和阅读方法，并具备绘制简单土木工程图样的能力。

　　本习题集由谢坚、黄莉、马彩祝主编，参加编写工作的还有吴珊瑚、张春梅、孟庆红、罗祥云、张伟山、宁艳、陶旭升、扈媛。

　　本习题集在编写过程中，参阅了多本国内同行的同类教材，在此表示衷心感谢！

　　由于编者的专业水平和实践经验有限，书中难免有疏漏和不妥之处，恳请读者和同行批评指正。

编　者

2013 年 3 月

目　　录

1-1　正投影图练习一

(1) 根据立体图和已有的正投影图，在指定位置画出第三投影图。

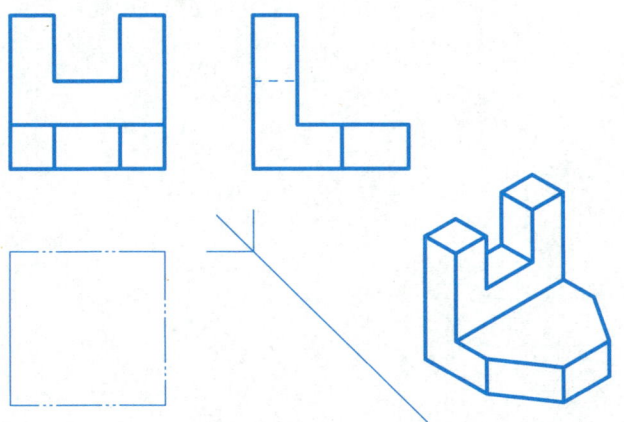

(2) 画出形体的侧面投影，并把A、B、C、D各点标注到相应的投影图上。

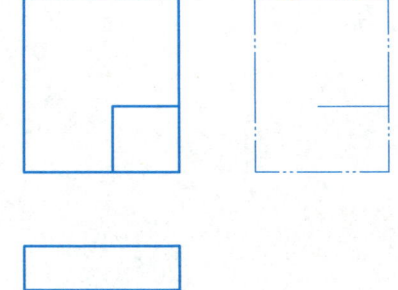

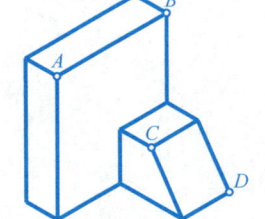

(3) 根据立体图完成点的二维投影，尺寸在立体图中1:1量取。

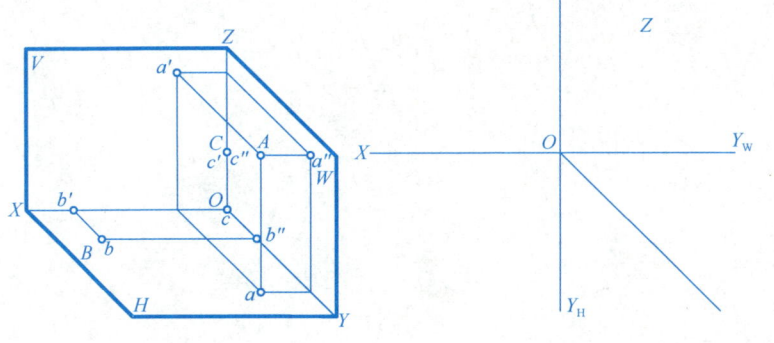

(4) 已知点A、B、C的两投影，补出第三投影。

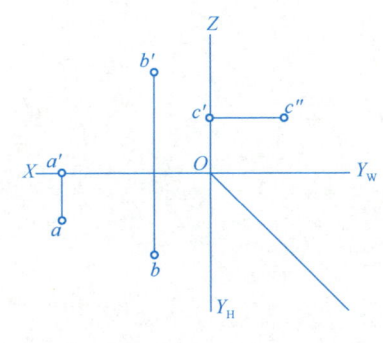

1–2　正投影图练习二

(1) 已知点 $A(25,20,20)$、$B(20,10,5)$、$C(5,0,5)$，求作它们的三面投影图。

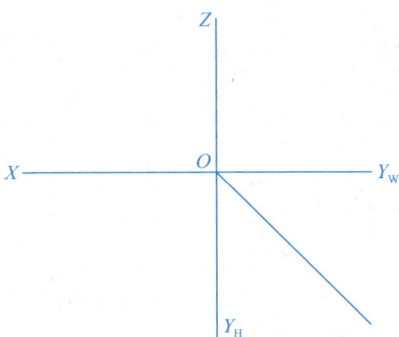

(3) 已知凹字形平面图形的 V、W 投影，试补全其 H 面投投影。

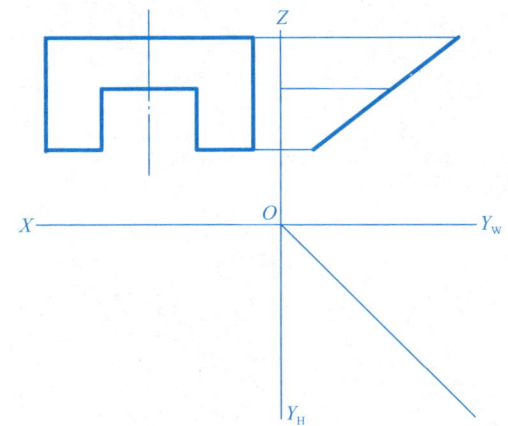

(2) 已知正平线 AB 的 V、H 投影，侧平线 BC 的 W、V 投影，试补全其三面投影图。

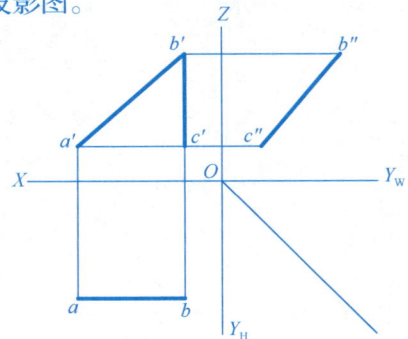

(4) 已知正平面 ABC 的 V、H 投影，试补全其三面投影图。

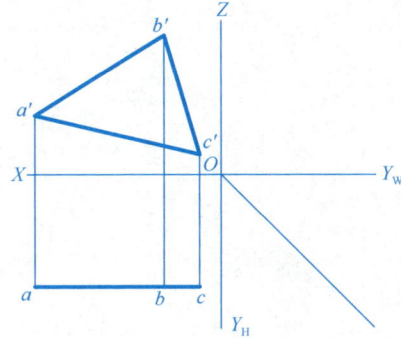

2

1-3 正投影图练习三

(1) 在立体的投影图上，标出线段的三面投影，参考AB答案。

AB是 ＿＿＿＿＿＿＿＿＿＿＿ 线

BC是 ＿＿＿＿＿＿＿＿＿＿＿ 线

BD是 ＿＿＿＿＿＿＿＿＿＿＿ 线

AD是 ＿＿＿＿＿＿＿＿＿＿＿ 线

AE是 ＿＿＿＿＿＿＿＿＿＿＿ 线

AF是 ＿＿＿＿＿＿＿＿＿＿＿ 线

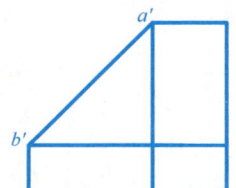
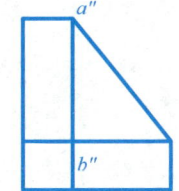

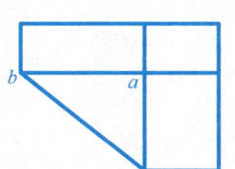

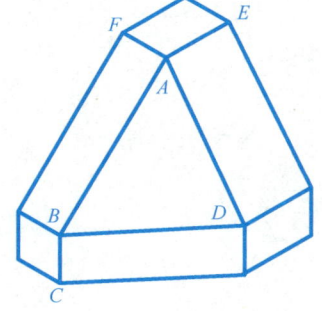

(2) 在立体的投影图上，标出平面的三面投影，并说明其对投影面的相对位置。

Ⅰ是 ＿＿＿＿＿＿＿＿＿＿＿ 面

Ⅱ是 ＿＿＿＿＿＿＿＿＿＿＿ 面

Ⅲ是 ＿＿＿＿＿＿＿＿＿＿＿ 面

Ⅳ是 ＿＿＿＿＿＿＿＿＿＿＿ 面

Ⅴ是 ＿＿＿＿＿＿＿＿＿＿＿ 面

Ⅵ是 ＿＿＿＿＿＿＿＿＿＿＿ 面

Ⅶ是 ＿＿＿＿＿＿＿＿＿＿＿ 面

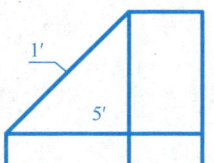
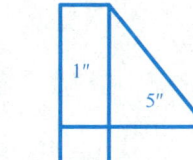

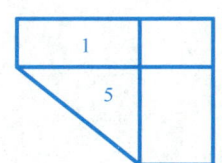

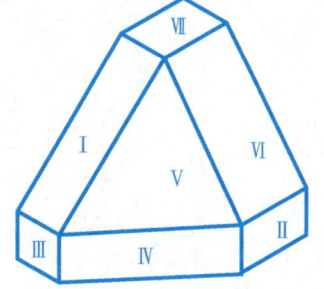

1-4 已知物体的两面投影，请画出第三面投影。

(1)

(2)

(3)

(4)

1-5 根据所给圆柱体的两面投影,画出其侧面投影。

(1)

(2)

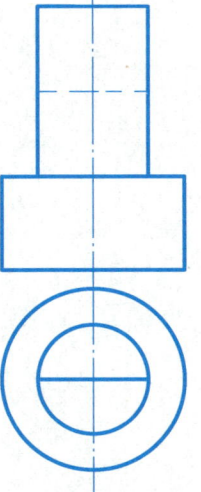

1-6 根据正四棱柱和圆锥组成的物体的两面投影,求平面投影。

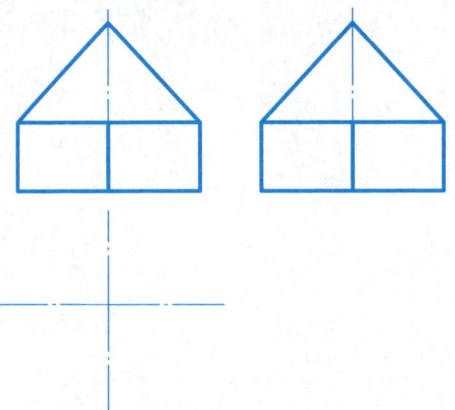

1-7 已知圆球水平投影涂黑部位为前半球可见的1/4球体,请在 V、W 投影面继续涂黑该部位。

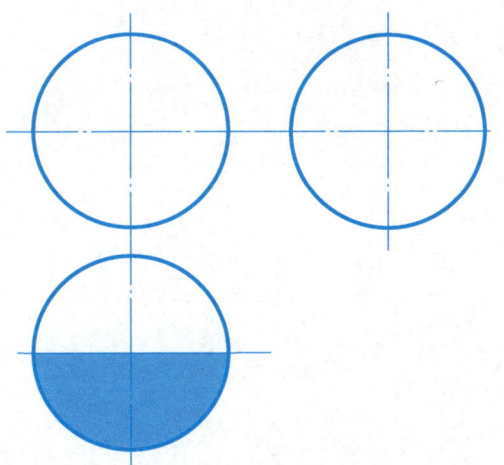

1-8 创意题：设计两组符合水平投影的物体的 V、W 投影图。

第一组

第二组

物体的水平投影图

1-9 已知两面投影，完成其平面投影。

(1)

(2)

1-10 已知两面投影，完成左侧立面投影。

(1)

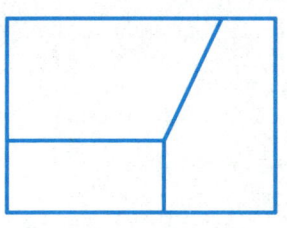

(2)

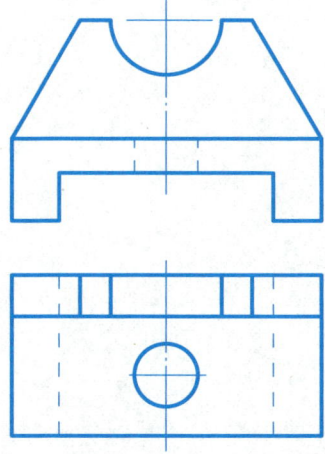

(3)

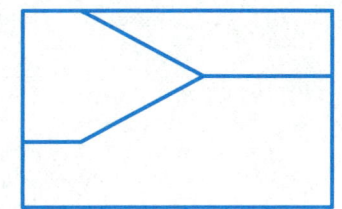

(4)

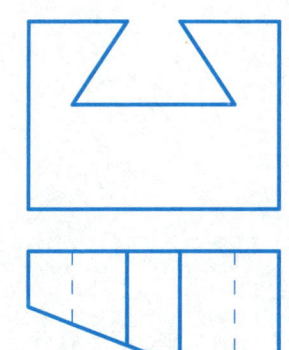

1–11　已知1/2空心圆球的侧面投影，完成V投影。

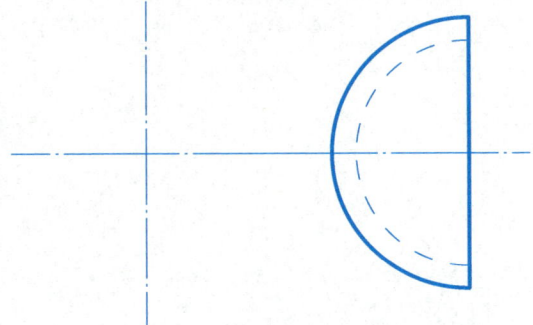

1–12　根据所给的两面投影，画出其平面投影。

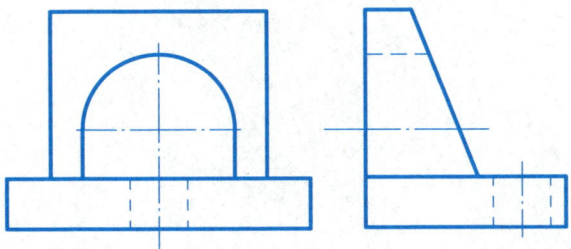

1–13　完成五棱柱被截后的三面投影。

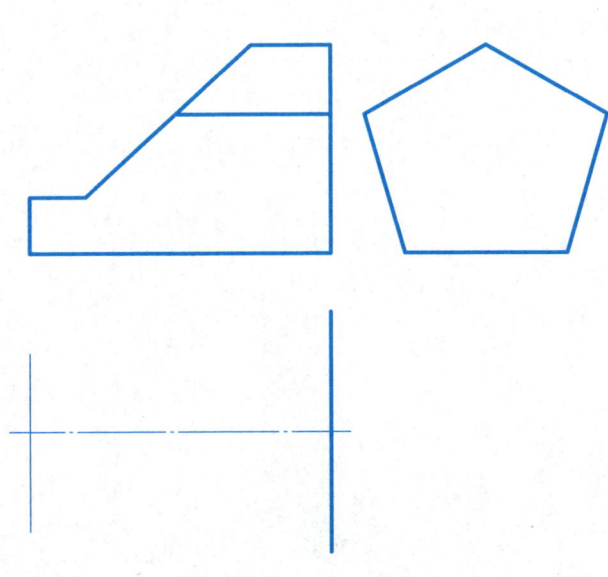

1-14 完成四棱柱被截切后的三面投影图。

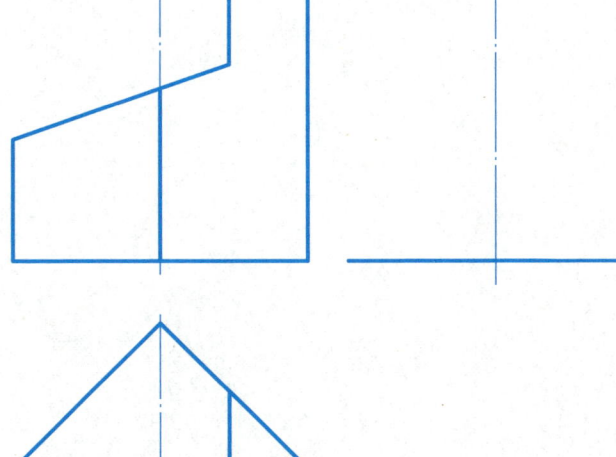

1-15 完成棱锥被截切后的三面投影图。

(1)

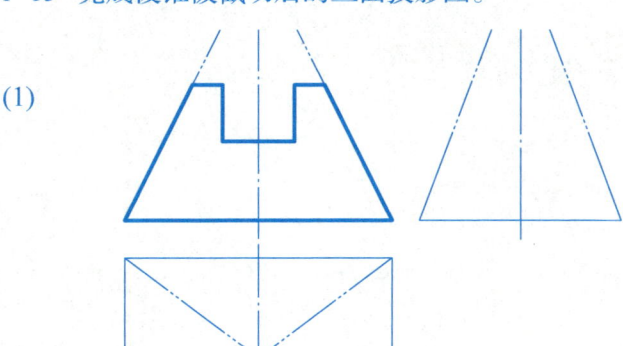

(2)

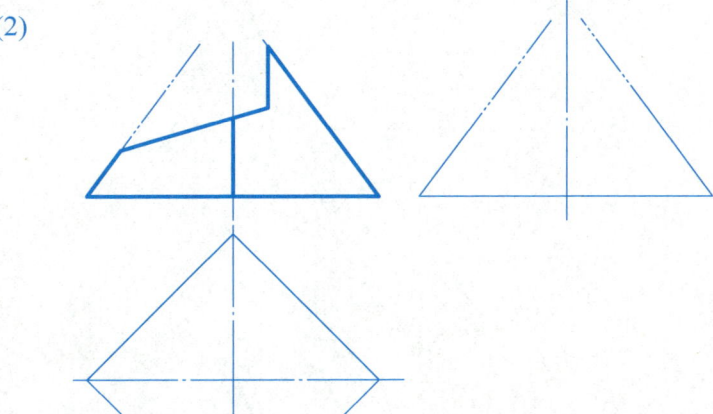

1–16 完成圆柱被截切后的三面投影。

(1)

(2)

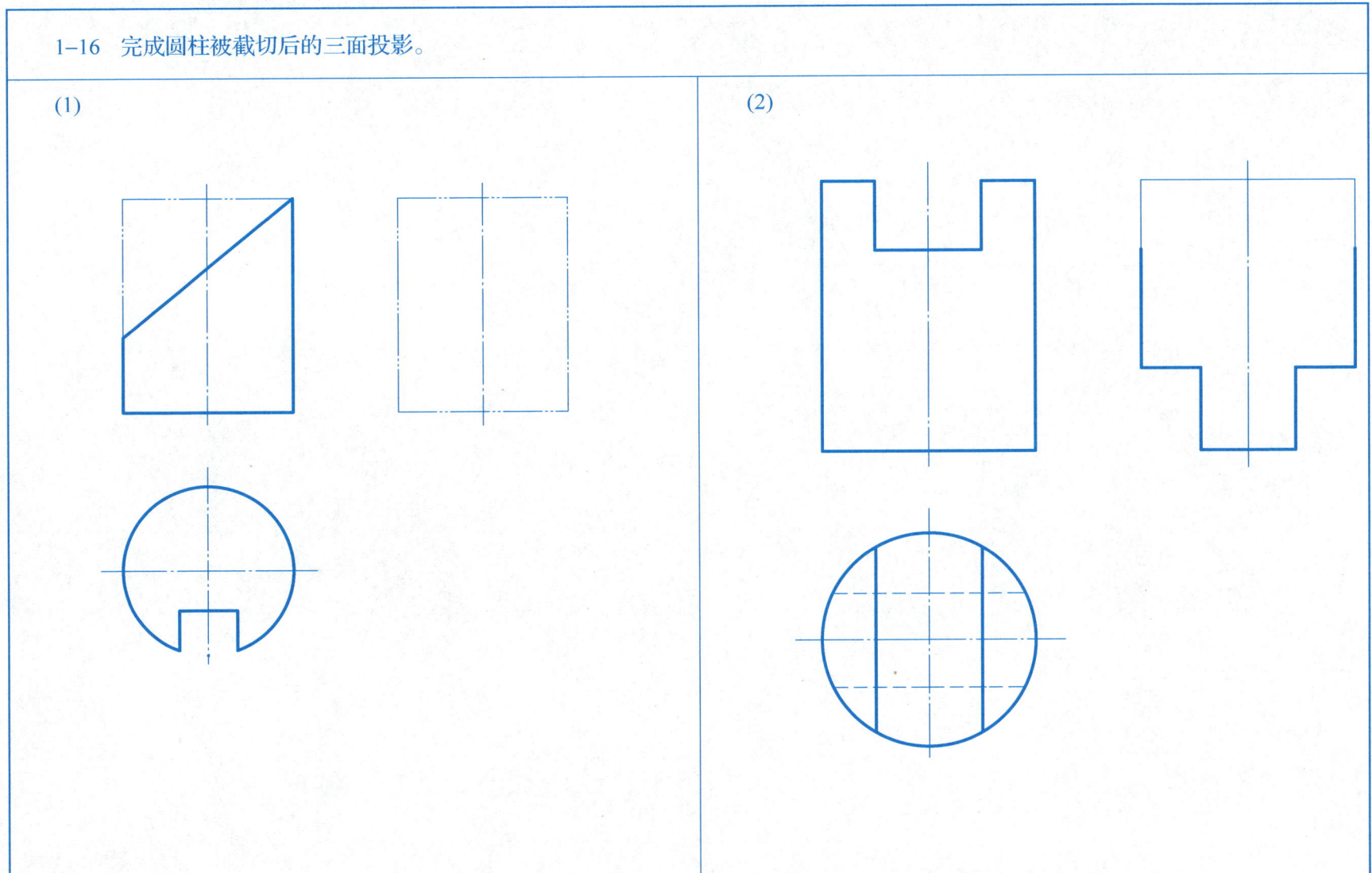

1-17 完成圆锥被截切后的三面投影图。

(1)

(2)

1-18 完成半球及圆柱被截切后的三面投影图。

(1)

(2)

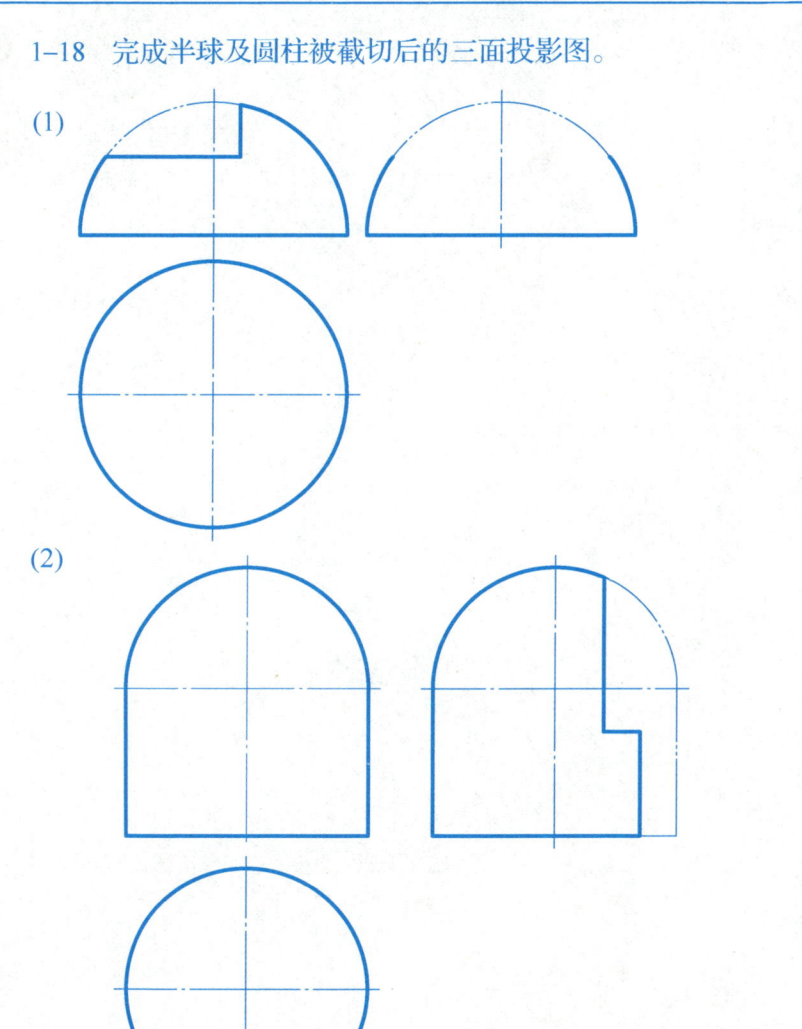

1-19 完成两平面立体相贯线的三面投影。

(1)

(2)

1-20 补全气窗、烟囱与同坡屋面交线的两面投影。

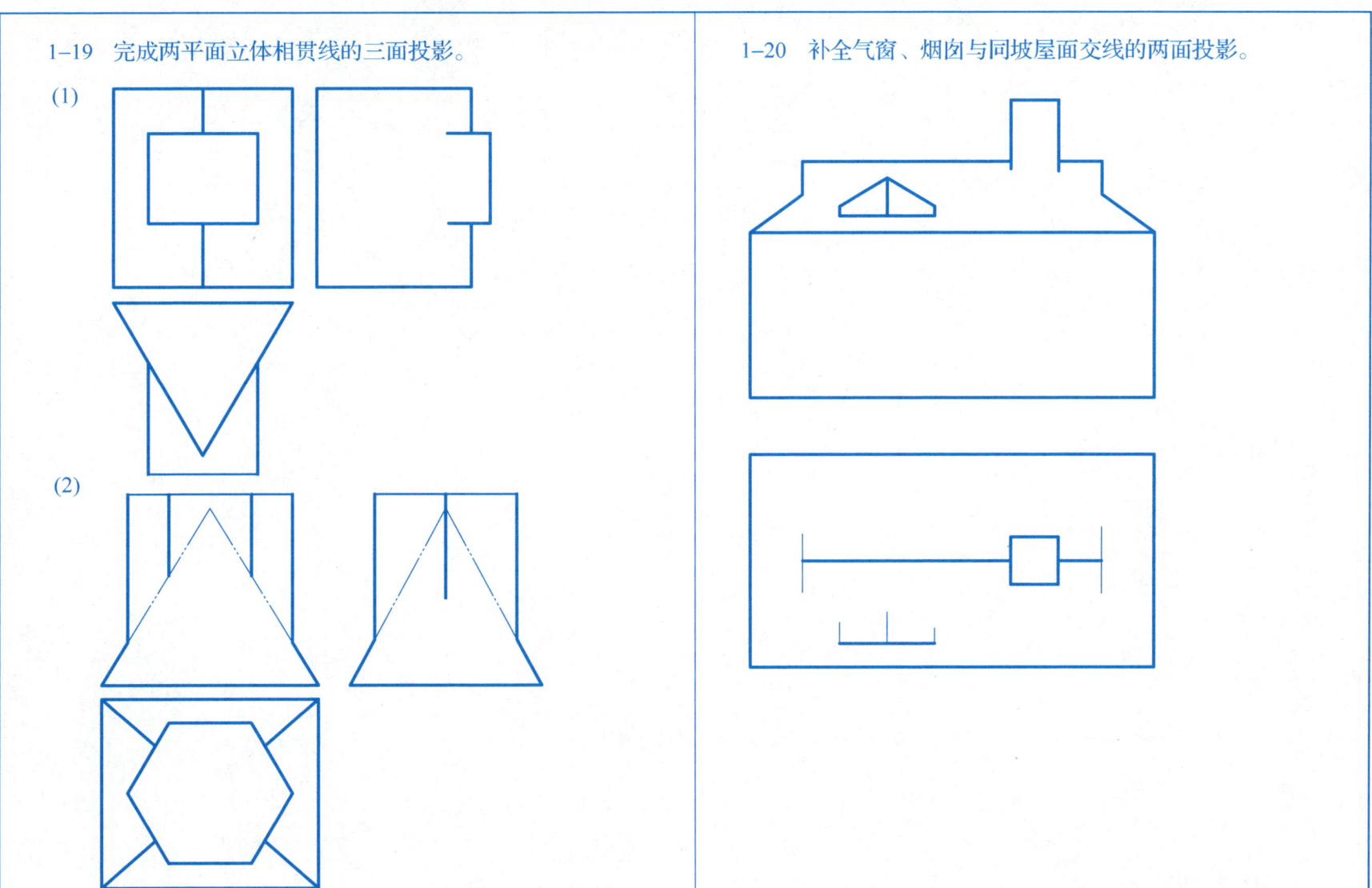

1-21 完成平面立体与曲面立体相贯的投影。

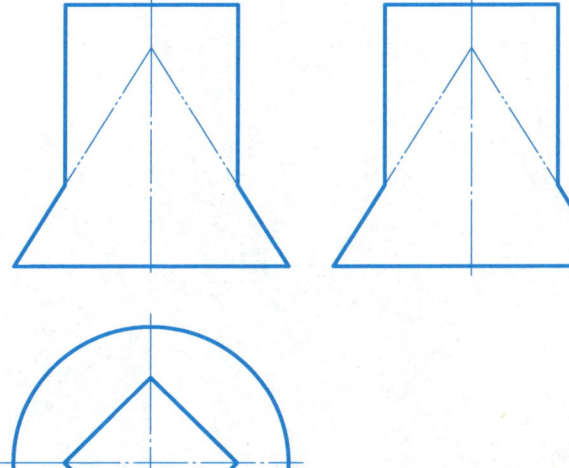

1-22 完成相贯体的相贯线的投影。

(1)

(2)

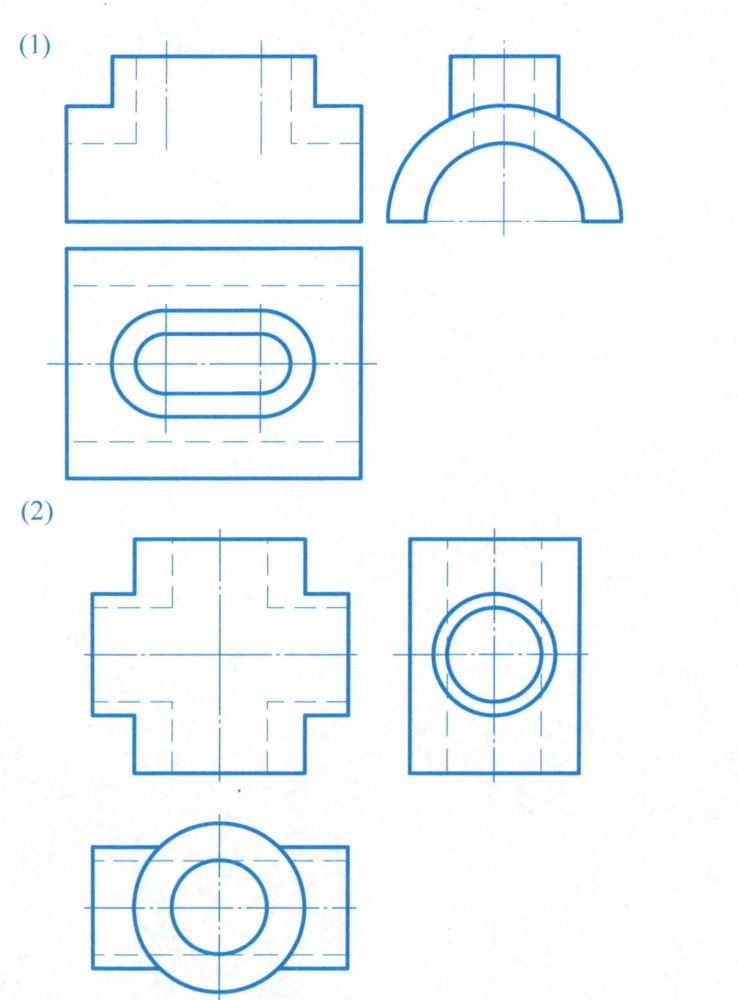

1-23 补画圆柱与圆锥的相贯线。

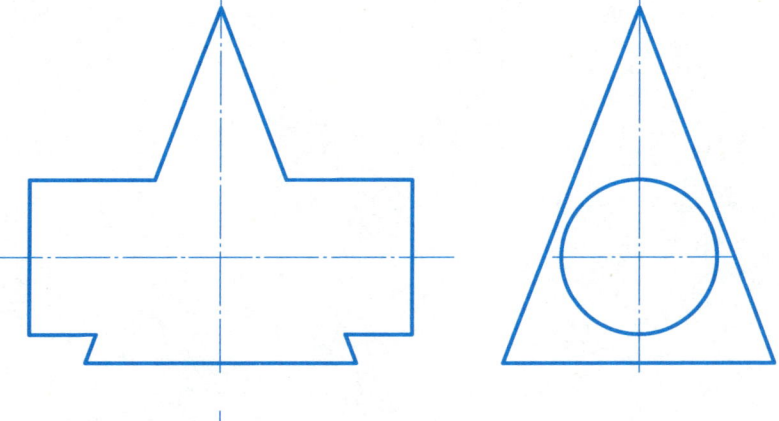

1-24 补画相贯体的相贯线。

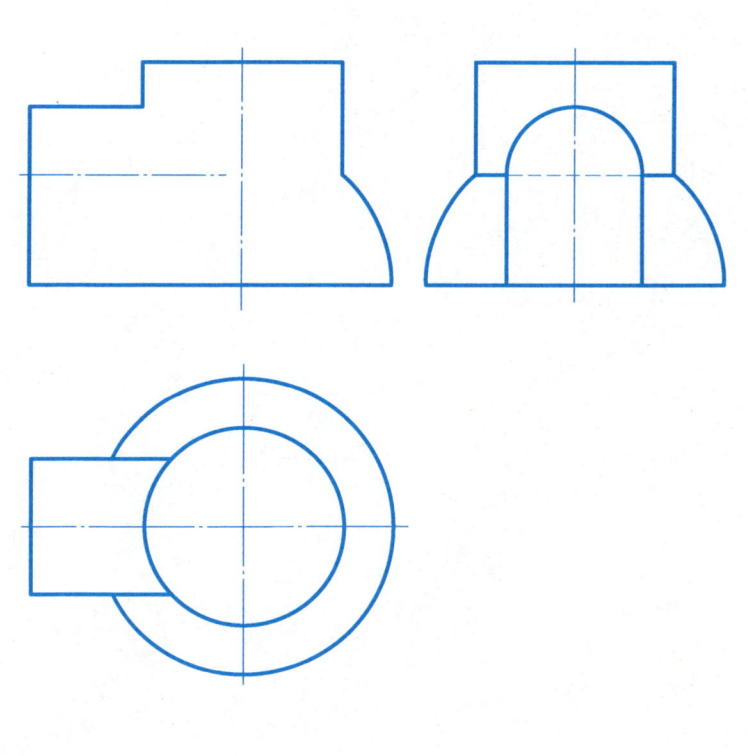

1-25 按已知条件在视图下方1:1完成正等测轴测图。

(1)

(2)

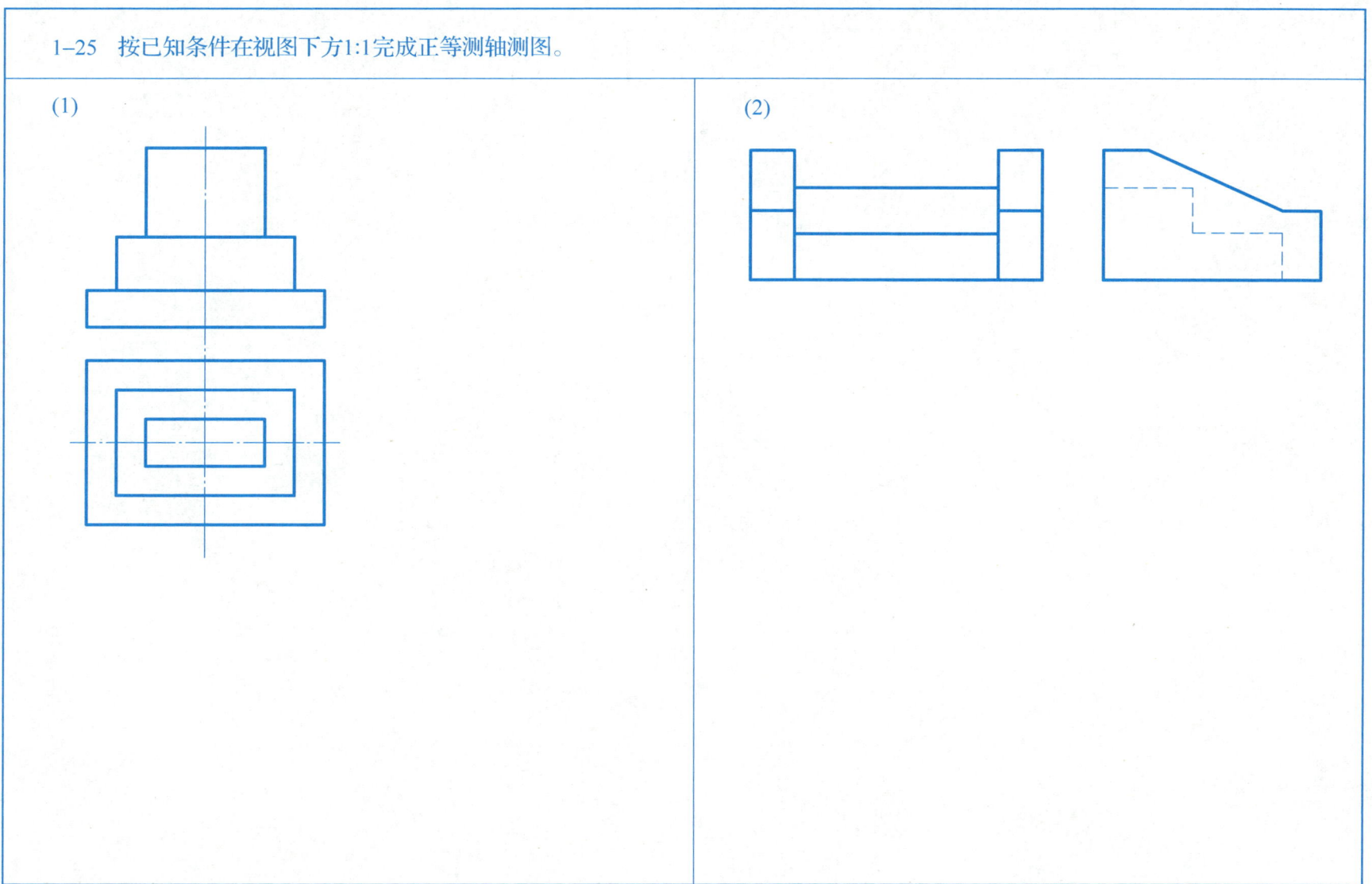

1–26　按已知条件在视图下方1:1完成正等测仰视轴测图。

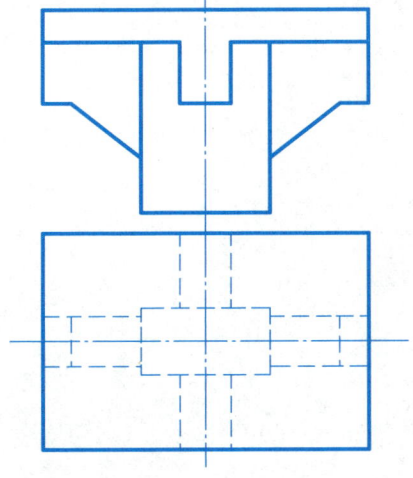

1–27　按已知条件1:1完成圆柱体正等测图。

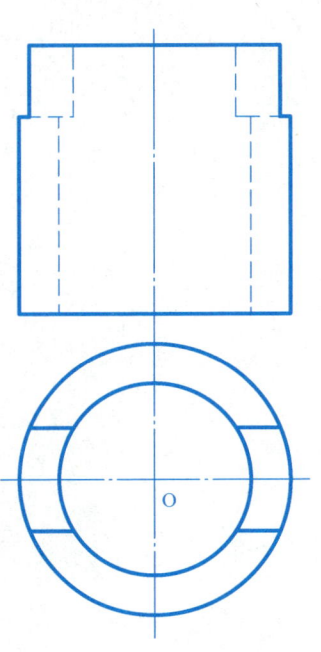

1-28 据样图，徒手绘制正等测图，比例约1:1。

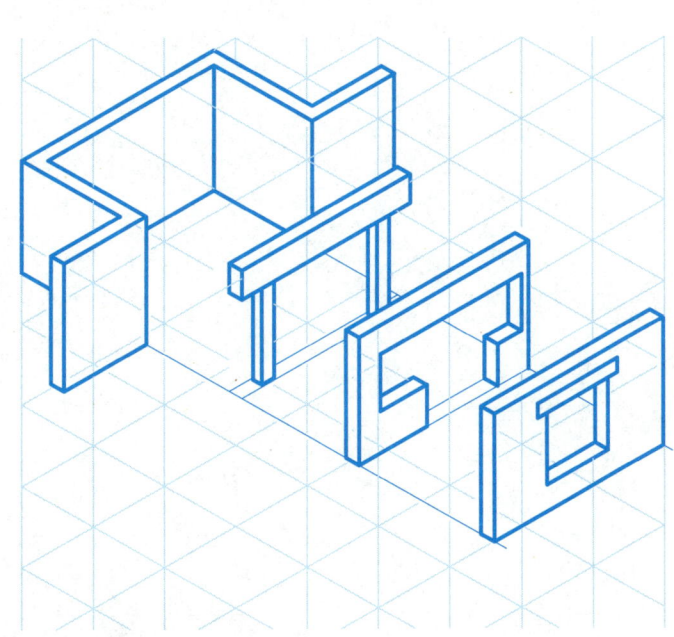

空间限定要素上的开洞

1-29 据样图，徒手绘制正等测图，比例约1:1。

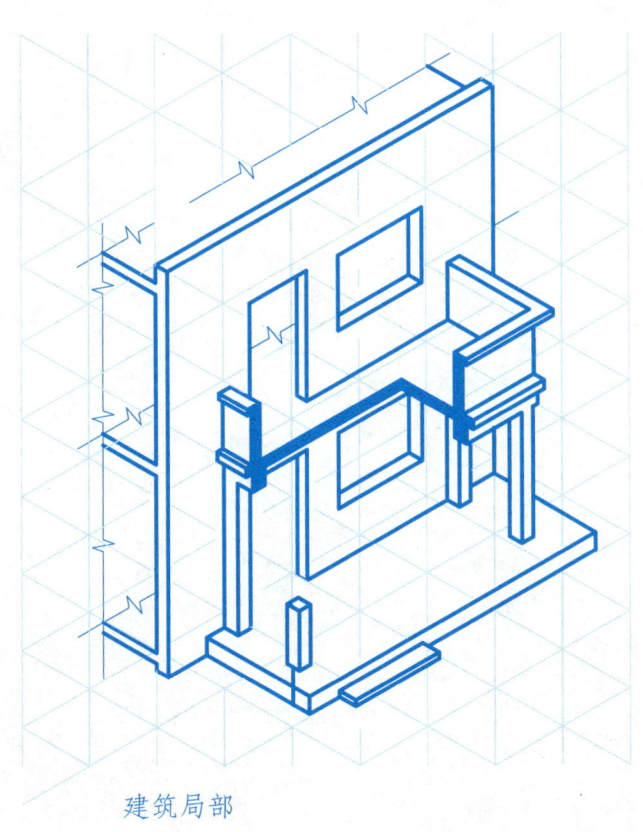

建筑局部

1-30 据样图，徒手绘制正等测素描图，比例约1:1。

1-31 据样图，徒手绘制正等测素描图，比例约1:1。

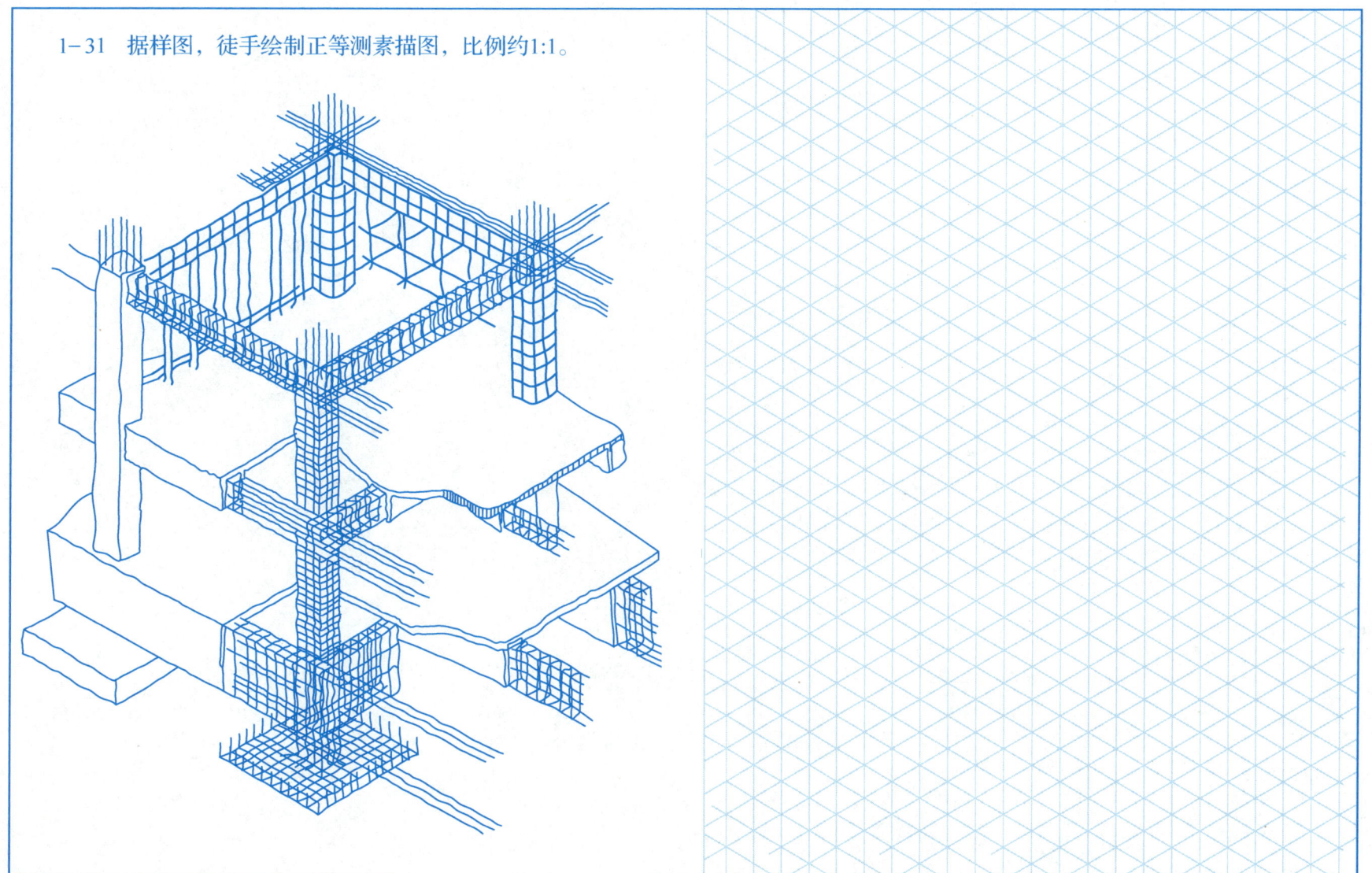

1-32　按已知条件在视图下方1:1完成斜二测轴测图。

(1)

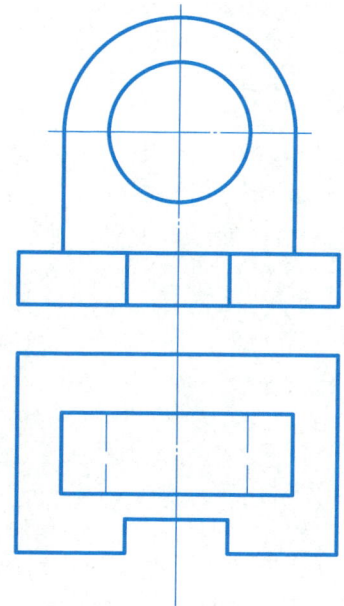

(2)

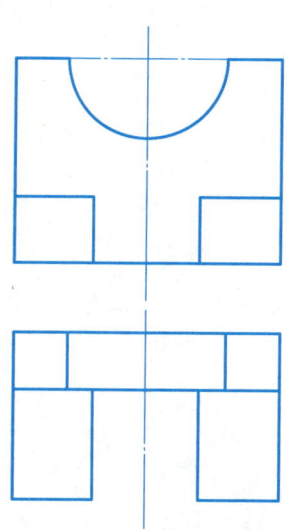

1-33 据样图,徒手绘制正等测素描图,比例约1:1。

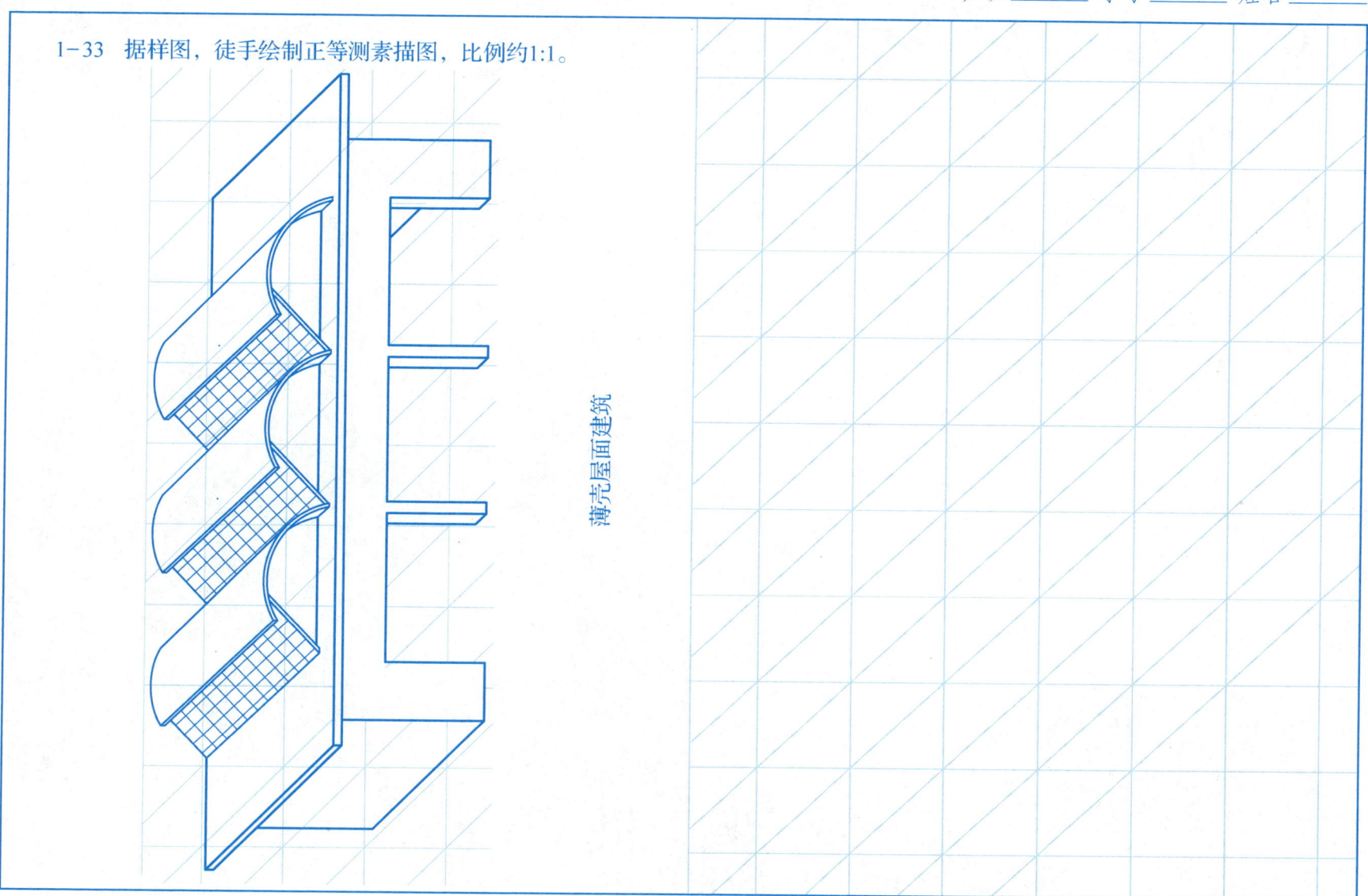

薄壳屋面建筑

1-34　根据已知条件2:1作水平斜轴测。

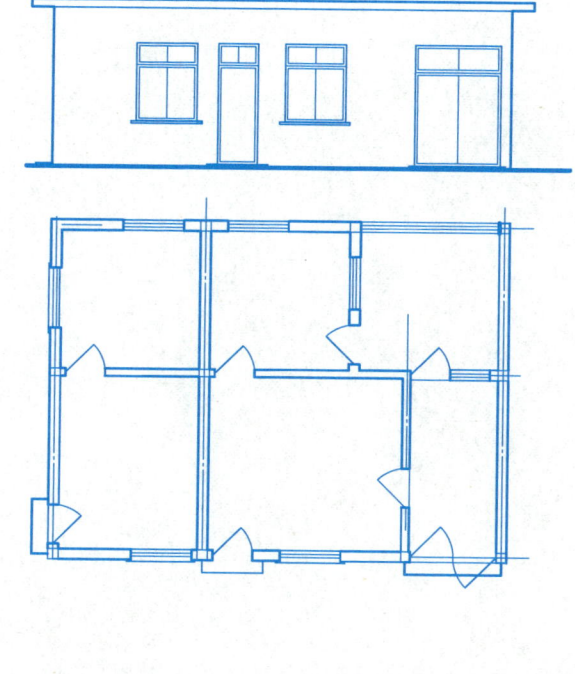

1-35　读组合体三面投影图，徒手1:1绘制水平斜轴测草图。

1-36　已知组合体两面投影，徒手1:1绘制水平斜轴测草图。

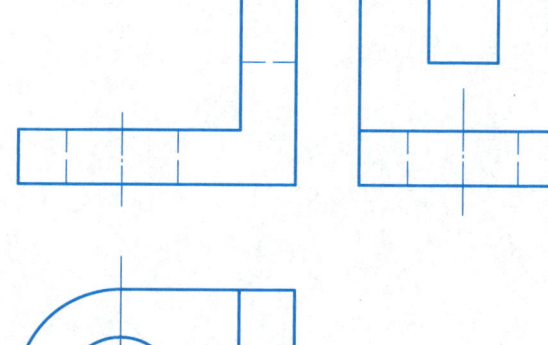

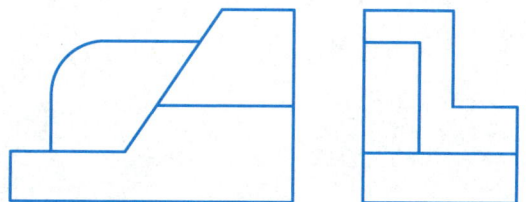

2-1　徒手线型练习：在指定的位置按规定的线宽和线型徒手画线。

粗实线

点画线

双点画线

虚线

细实线

折断线

2-2 线型练习：按示范图线的标准，用尺规完成以下各图。

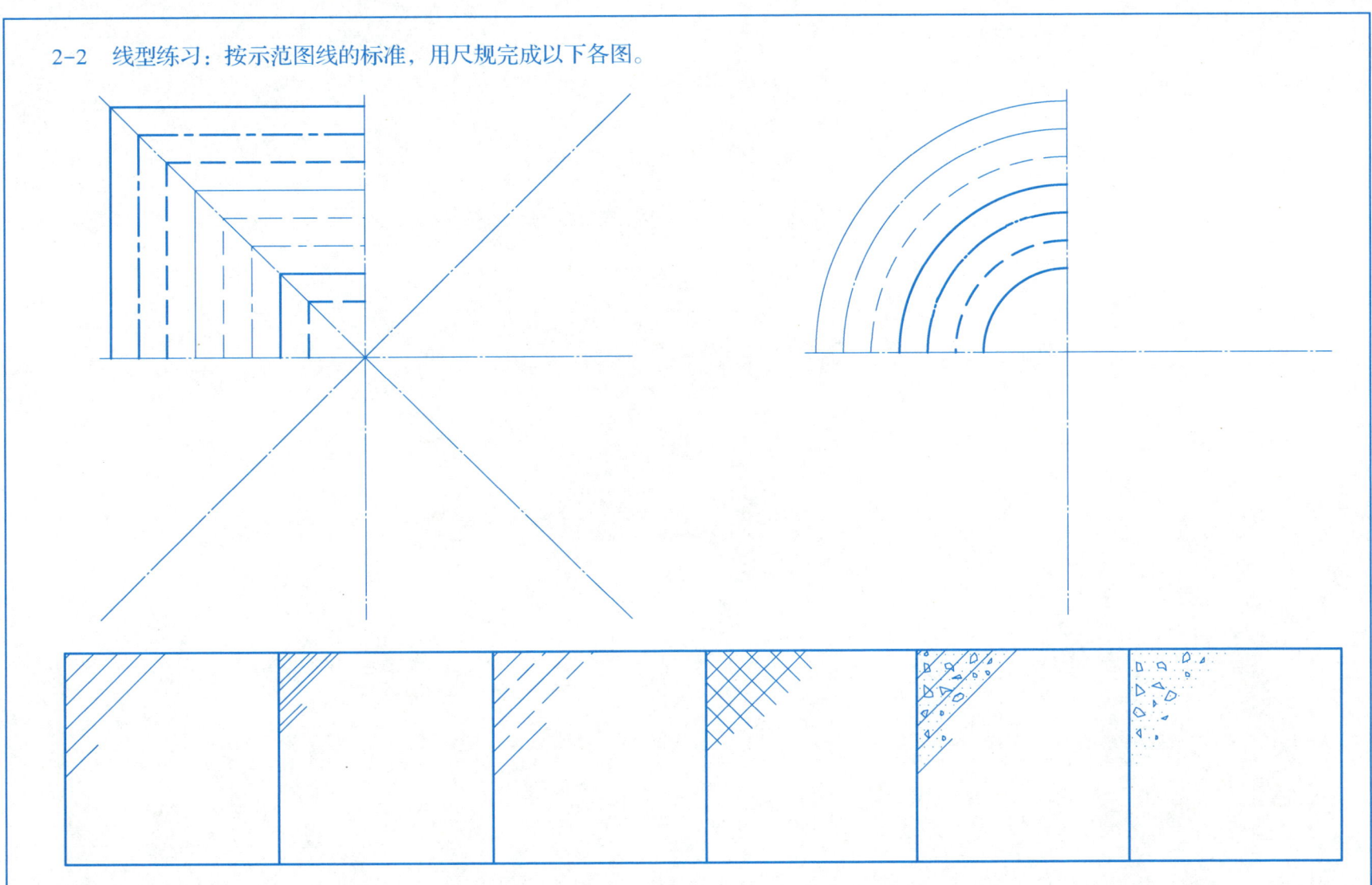

2-3　长仿宋字练习:要求横平竖直，结构匀称，注意起落，填满方格。

房 屋 基 础 柱 墙 梁 楼 面 屋 梯 门 窗 标 高 索 引 符 号

排 列 整 齐 字 体 端 正 笔 画 清 晰 间 隔 均 匀 横 平 竖 直 结 构 匀 称 注 意 起 落 总 平 立 剖

2-4　阿拉伯数字练习、罗马数字练习、字母练习。

1 2 3 4 5 6 7 8 9 0 1 2 3 4 5 6 7 8 9 0

I II III IV V VI VII VIII IX X　I II III IV V VI VII VIII IX X　I II III IV V VI VII VIII IX X

ABCDEFGHIJKLMNOPQRSTUVWXYZ abcdefghijklmn

2-5 标注下列四个平面图形的尺寸（尺寸数字按1:1从图中直接量取）。

(1)

(2)

(3)

(4)

2-6 徒手草绘下列三个图样（在空白位置，尺寸大小按1:1从图中目测）。

(1)

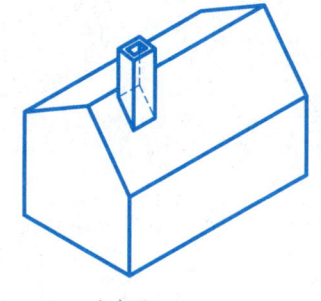

小房子

(2)

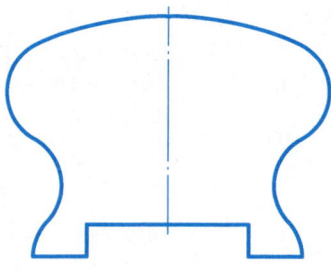

木扶手

(3)

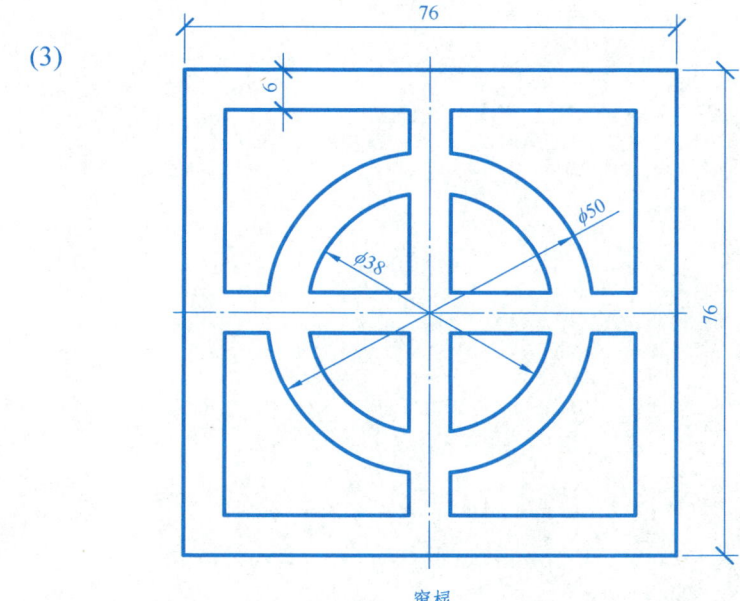

窗棂

2-7 由立体图1:1画出三面投影图，并依照图中的尺寸进行标注。

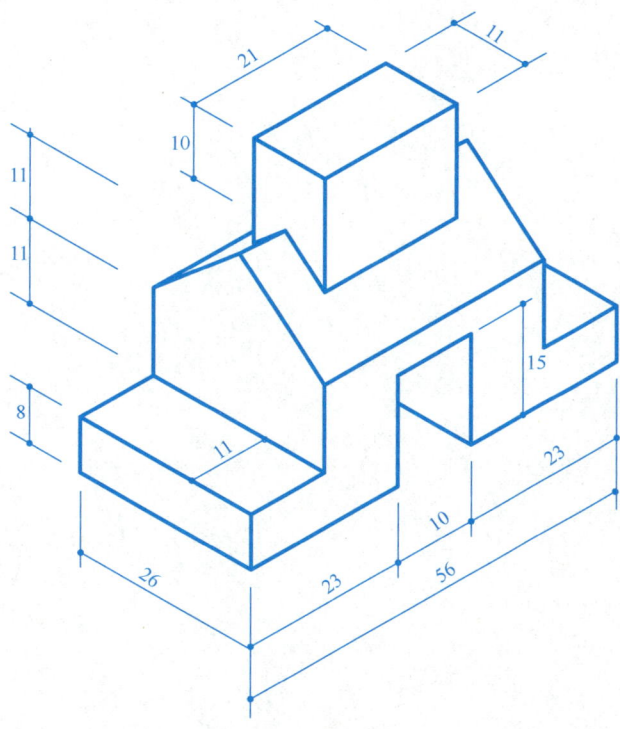

2-8 在组合体投影图上标注尺寸（比例1:1，取整数）。

(1)

(2)

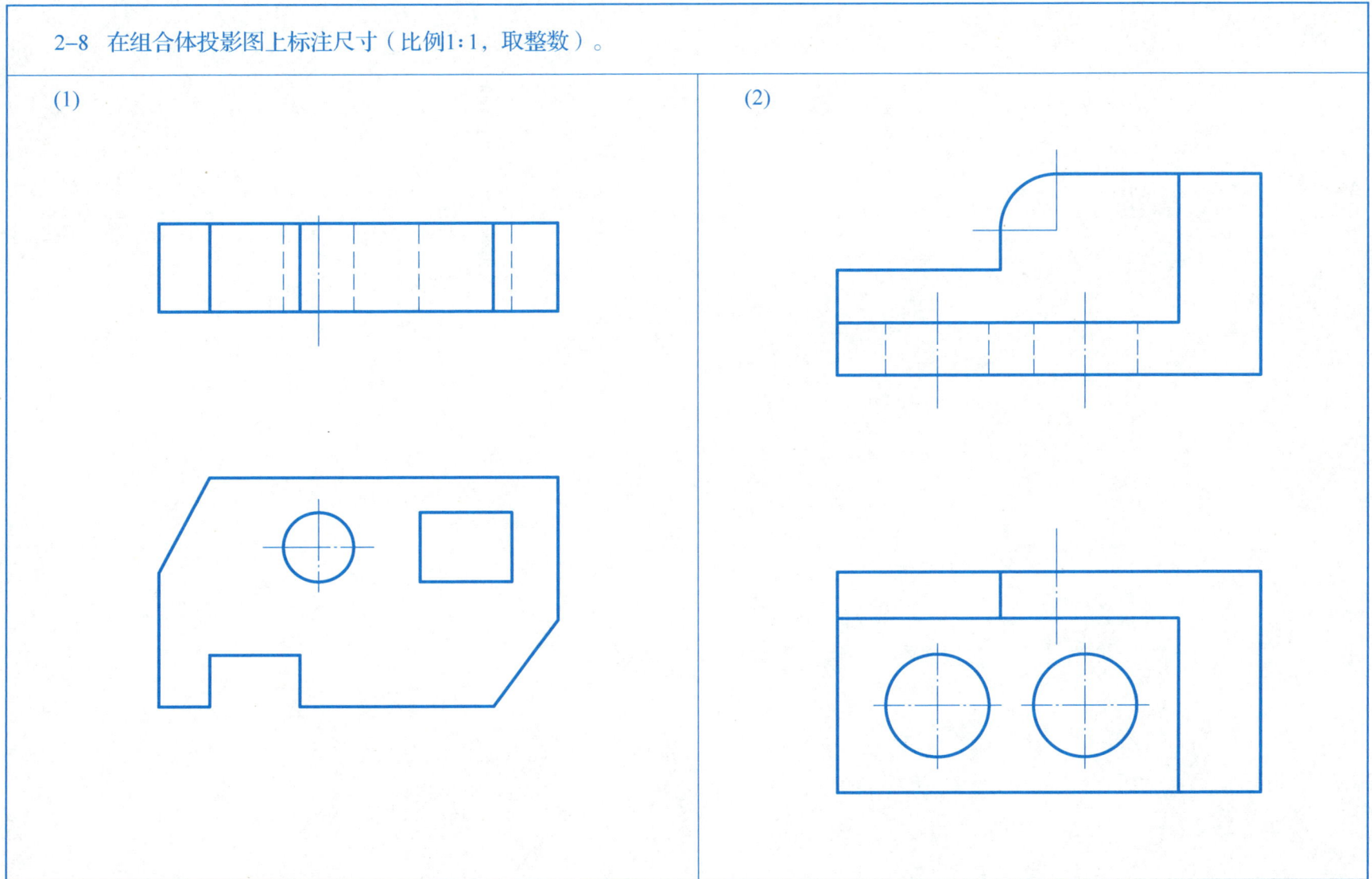

3-1 根据已知条件，在指定位置画出1-1全剖面图。

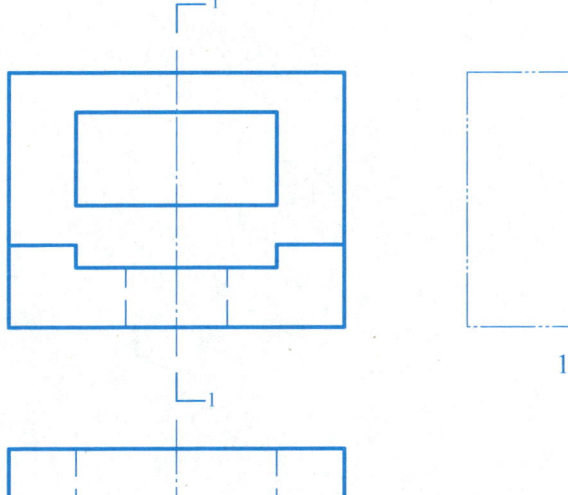

1-1

3-2 根据已知条件，在指定位置画出1-1全剖面图，画2-2半剖面图。

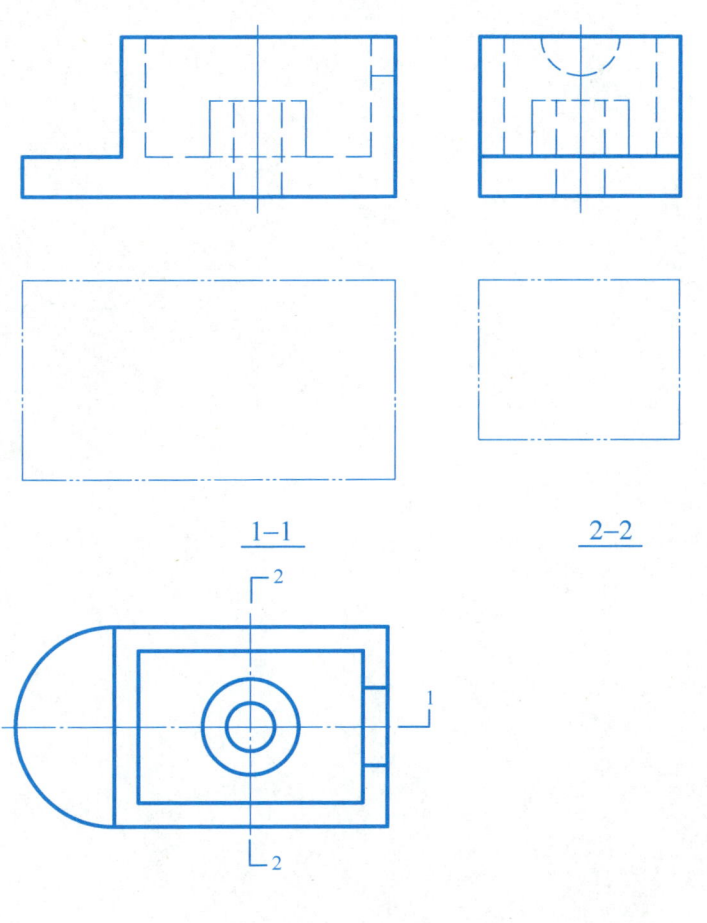

1-1   2-2

3–3 在指定位置画1–1全剖面图和2–2半剖面图。

3–4 在指定位置画出1–1全剖面图和2–2半剖面图。

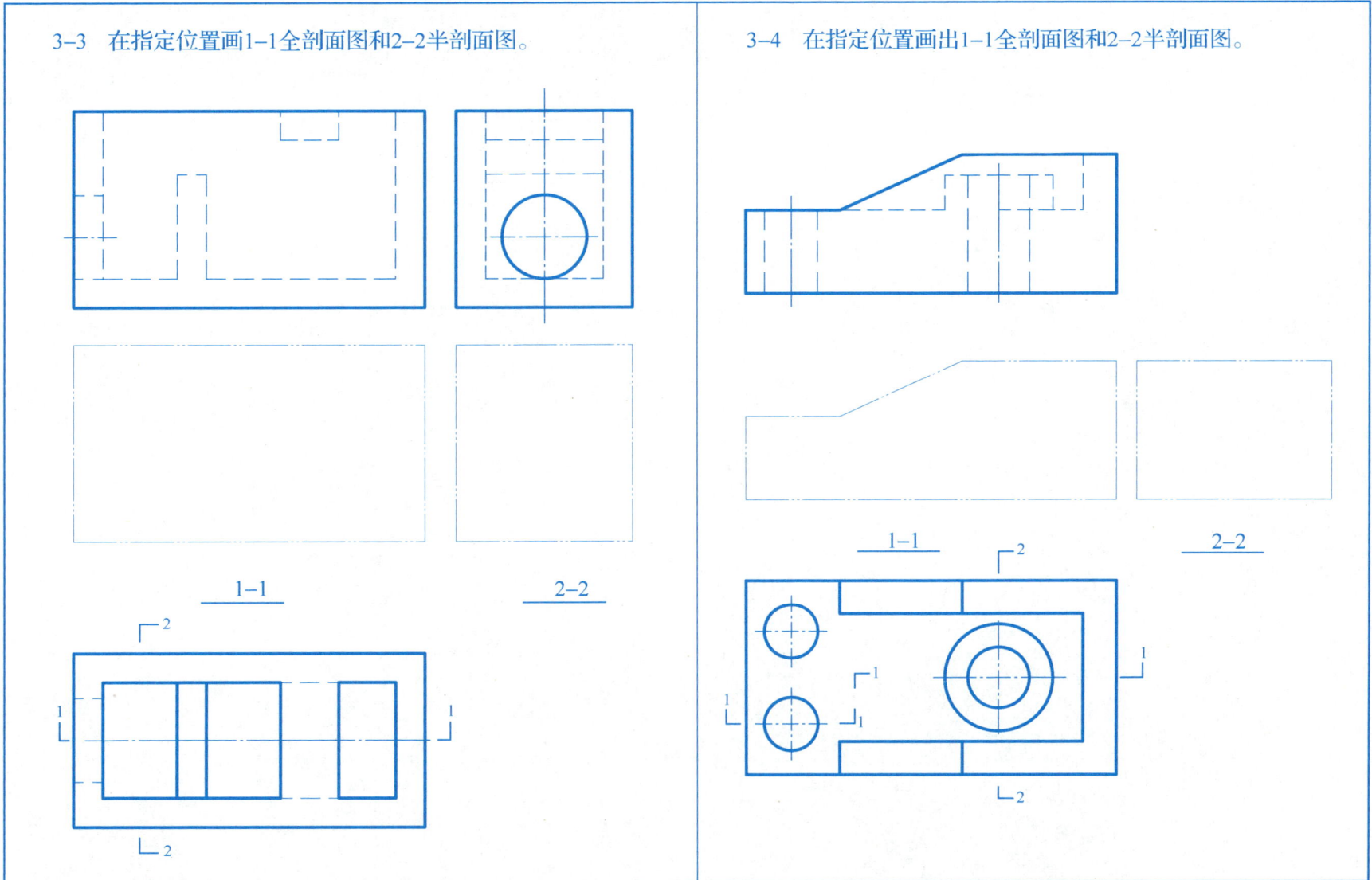

1–1

2–2

1–1

2–2

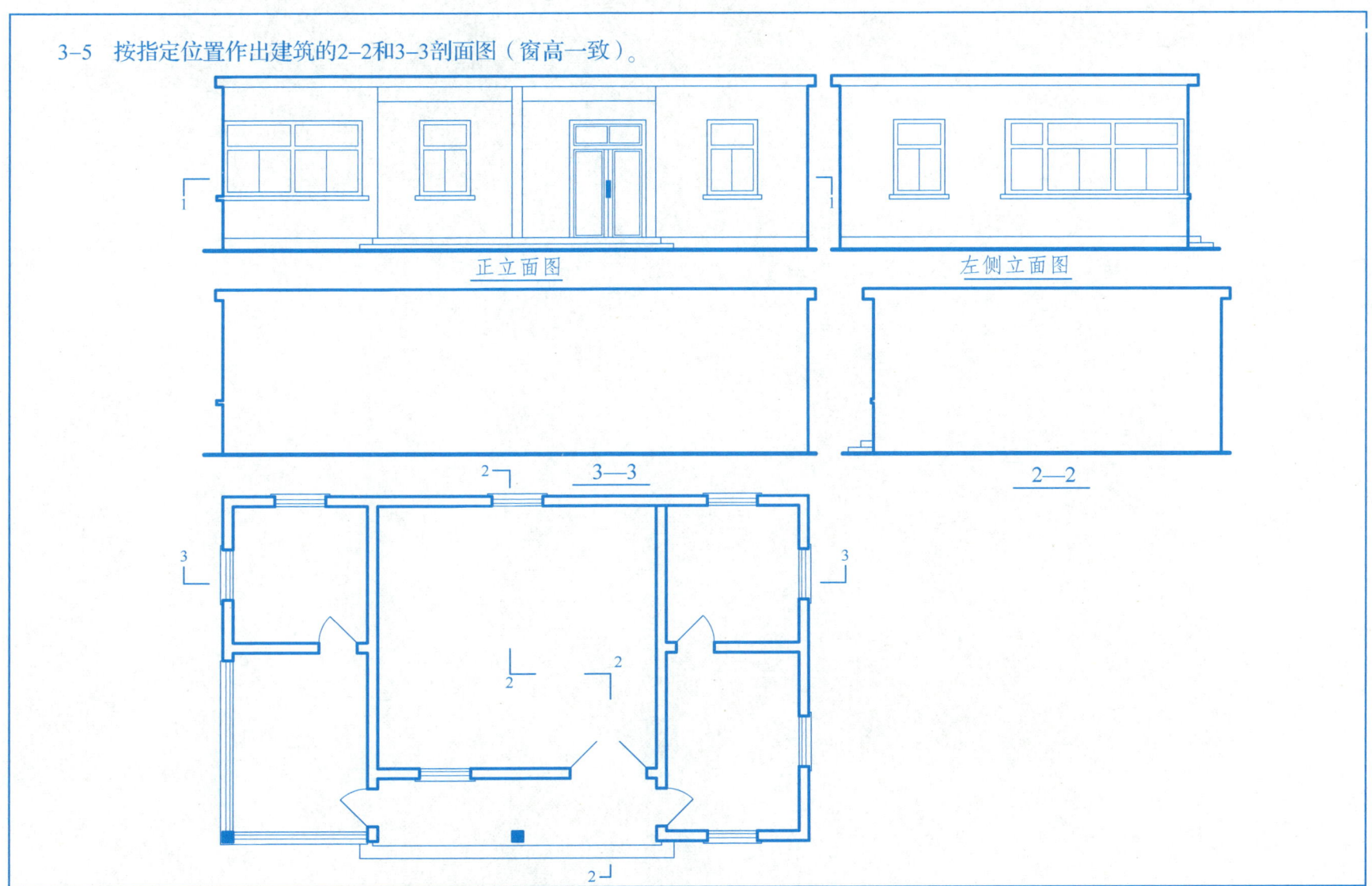

3-5 按指定位置作出建筑的2-2和3-3剖面图（窗高一致）。

正立面图

左侧立面图

3—3

2—2

3–6 剖面图与断面图

(1) 将板的 V、W 投影改作成合适的剖面图, 请在原图上完成。在改造后不需要的轮廓线上画"x"。

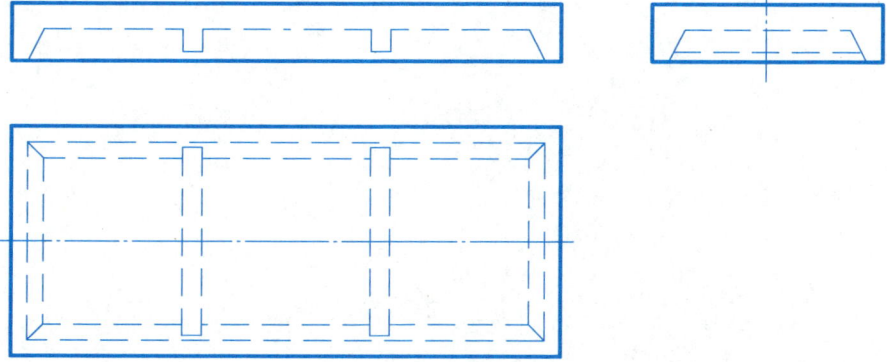

(2) 据已知条件, 试作出板的1–1、2–2、3–3断面图（浅色轮廓仅供参考）。

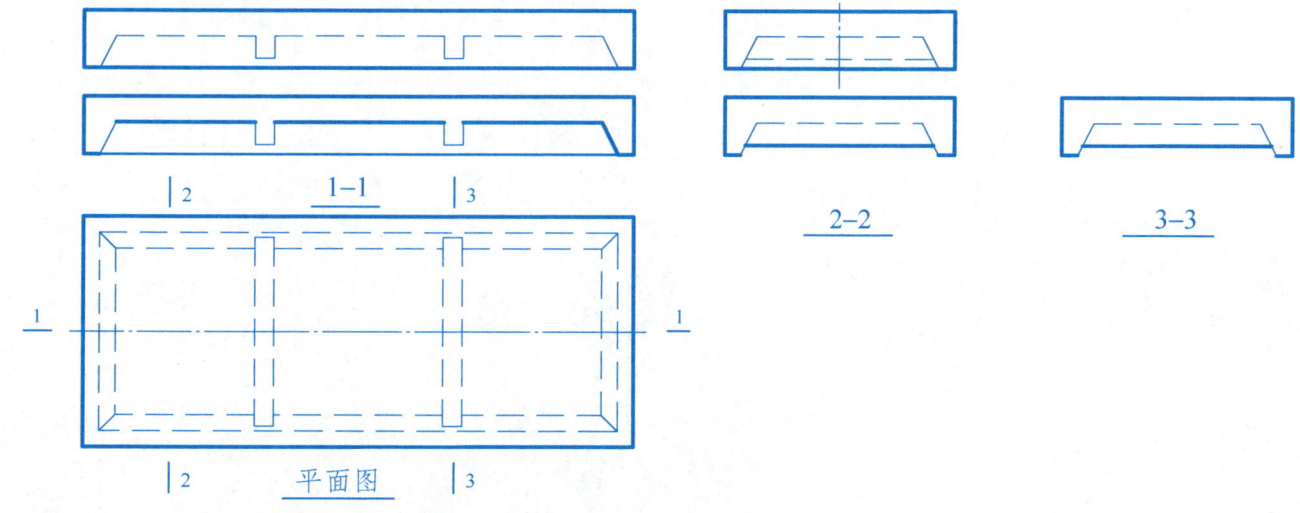

3-7 据已知条件，在立面图右侧作出柱的1-1、
　　2-2、3-3断面图。

3-8 据已知条件，在立面图下面作出梁的1-1、2-2断面图。

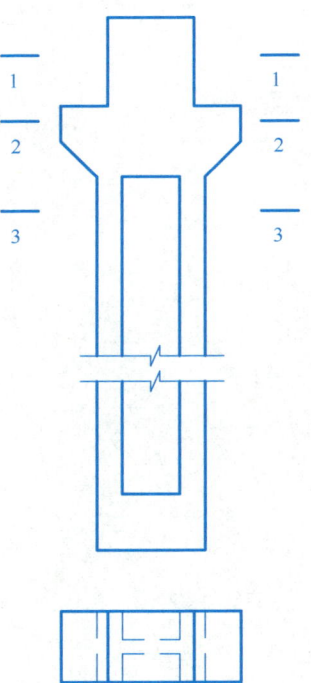

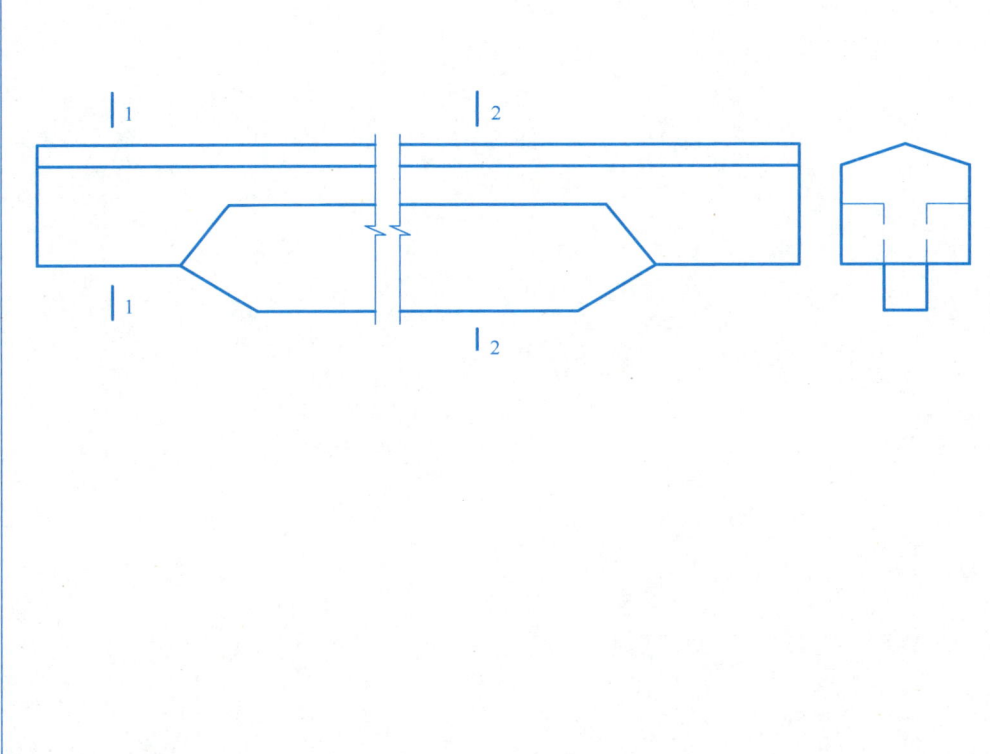

4-1　CAD练习: 直线、样条曲线，线型、图层特性管理等操作方法(1:1绘制，并要求抄绘原题）。

（1）据已知条件，求侧面投影。

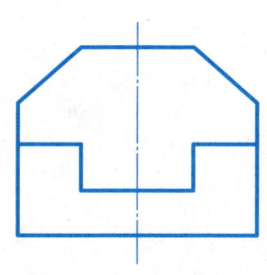

（2）据已知条件，求侧面投影。

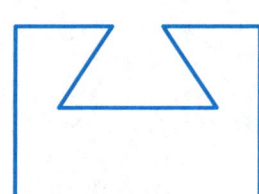

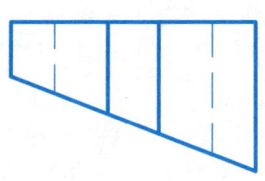

（3）据已知条件，求球体的截交线。

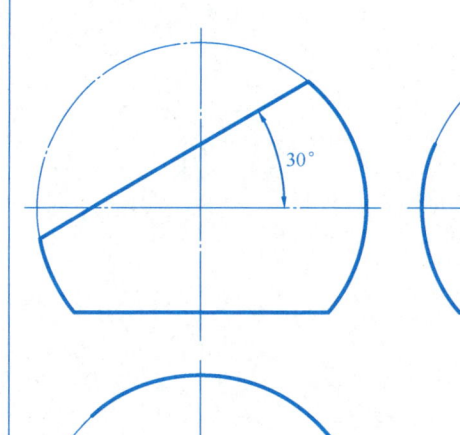

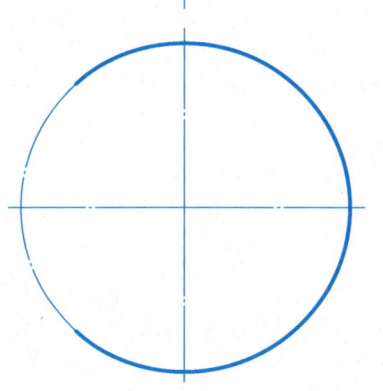

4-2 CAD练习：样条曲线操作方法 (1:1绘图)

抄绘已知条件，完成球体的截交线。

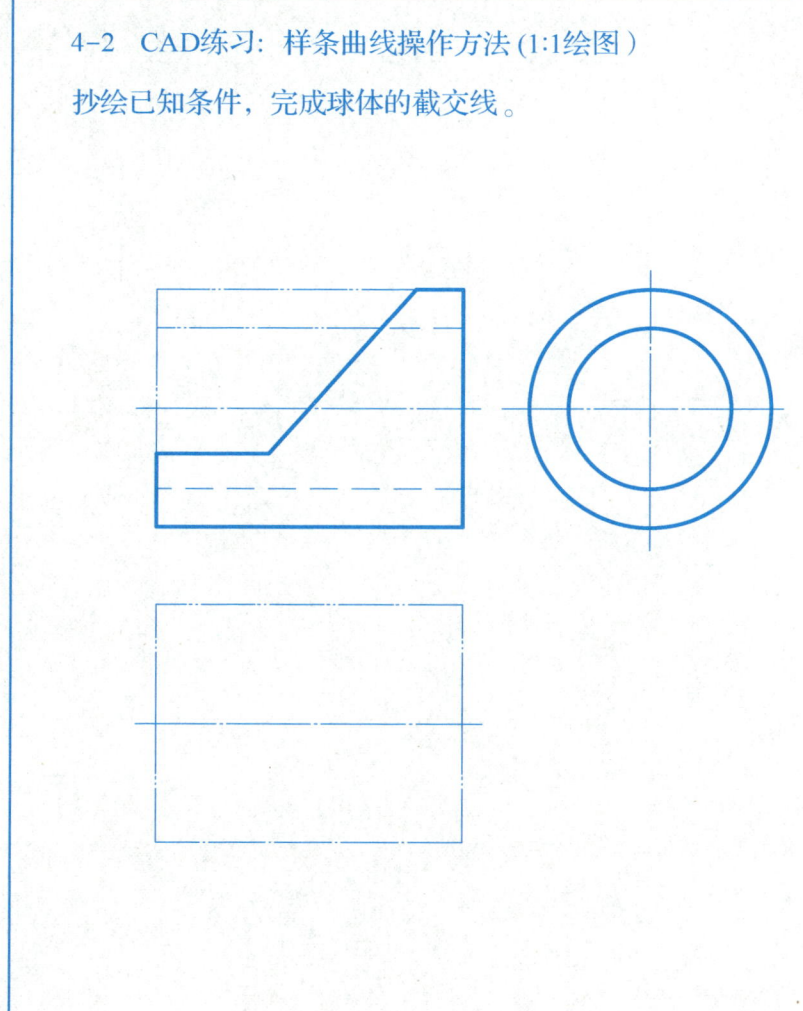

4-3 CAD练习：据已知条件，1:1绘制正等测轴测图

(1)

(2)

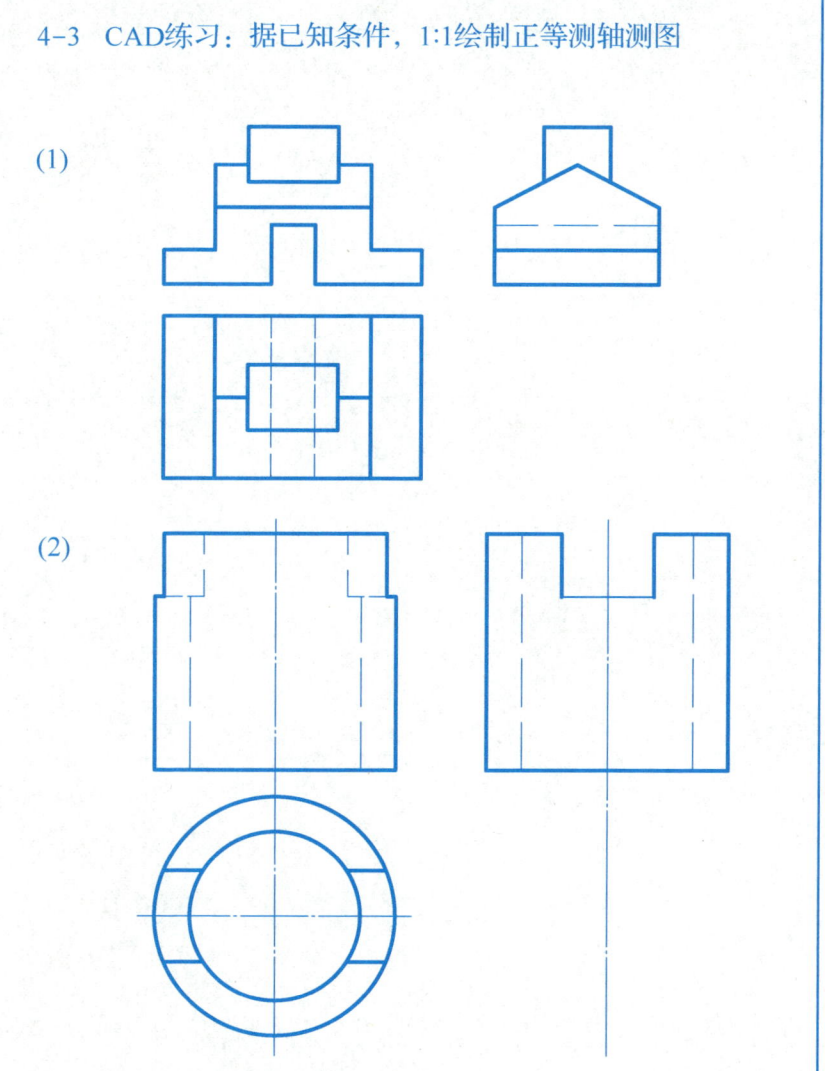

4-4　CAD练习: 图案填充、渐变填充

4-5　CAD练习: 基本体3D建模

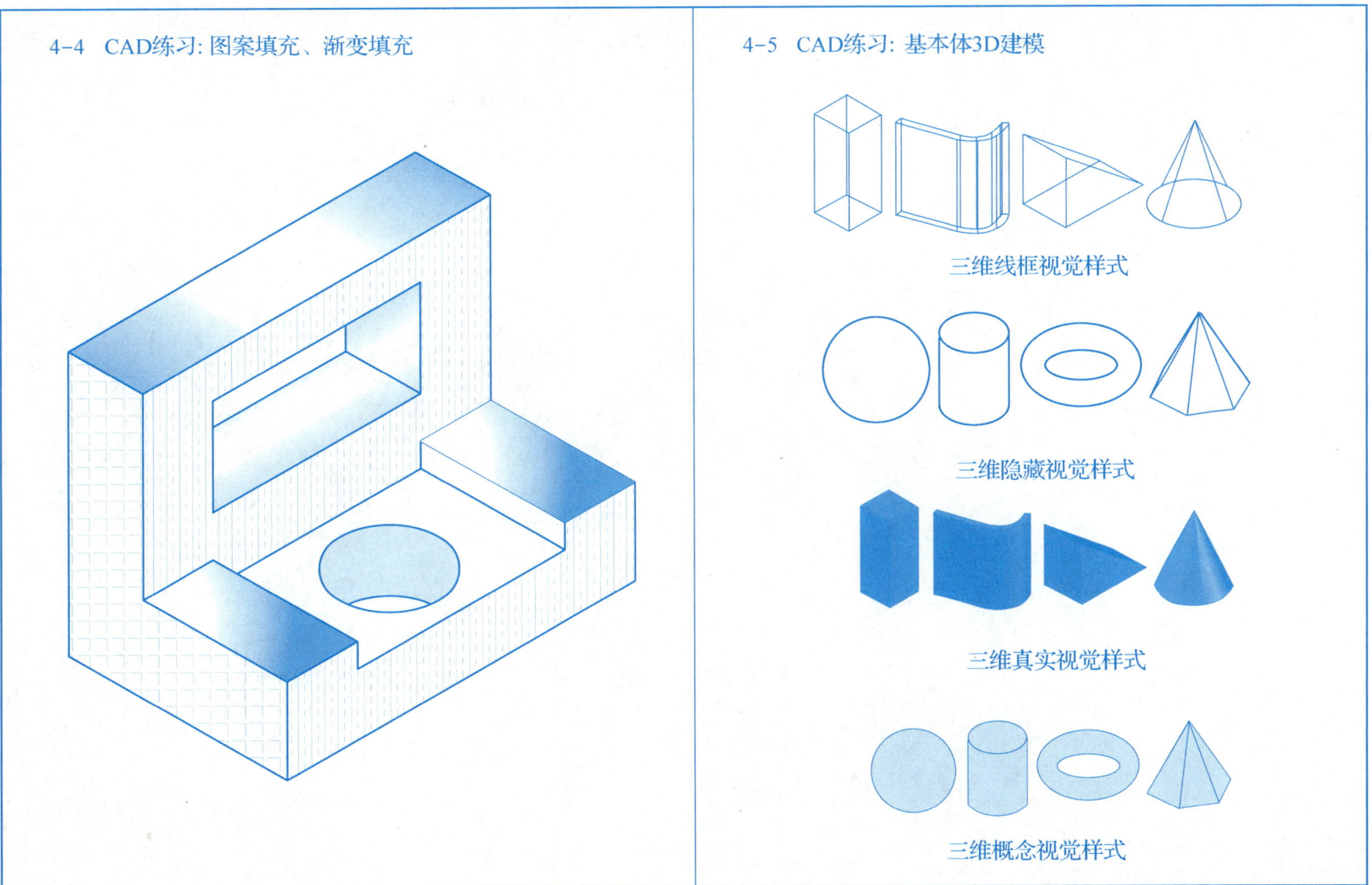

三维线框视觉样式

三维隐藏视觉样式

三维真实视觉样式

三维概念视觉样式

5-1 天正TArch练习：1:1抄绘"实验室"平、立、剖建筑施工图。

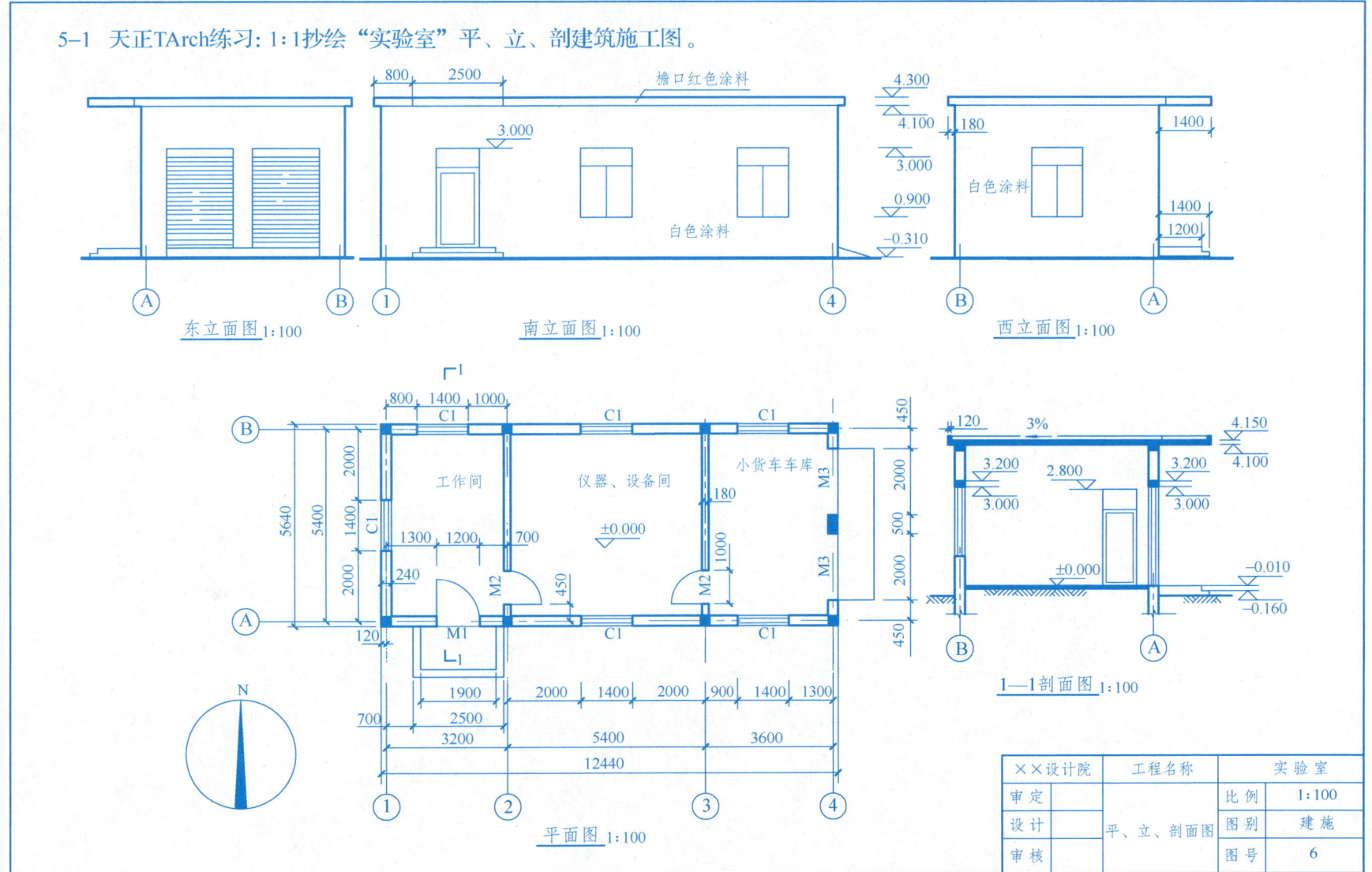

东立面图 1:100

南立面图 1:100

西立面图 1:100

平面图 1:100

1—1剖面图 1:100

××设计院	工程名称	实验室	
审 定		比 例	1:100
设 计	平、立、剖面图	图 别	建 施
审 核		图 号	6

6-1 建筑施工图练习

作业要求：

1.阅读整套住宅建筑平面图。

2.用AutoCAD绘图软件绘制,图纸
规格为A3,比例为1:100。

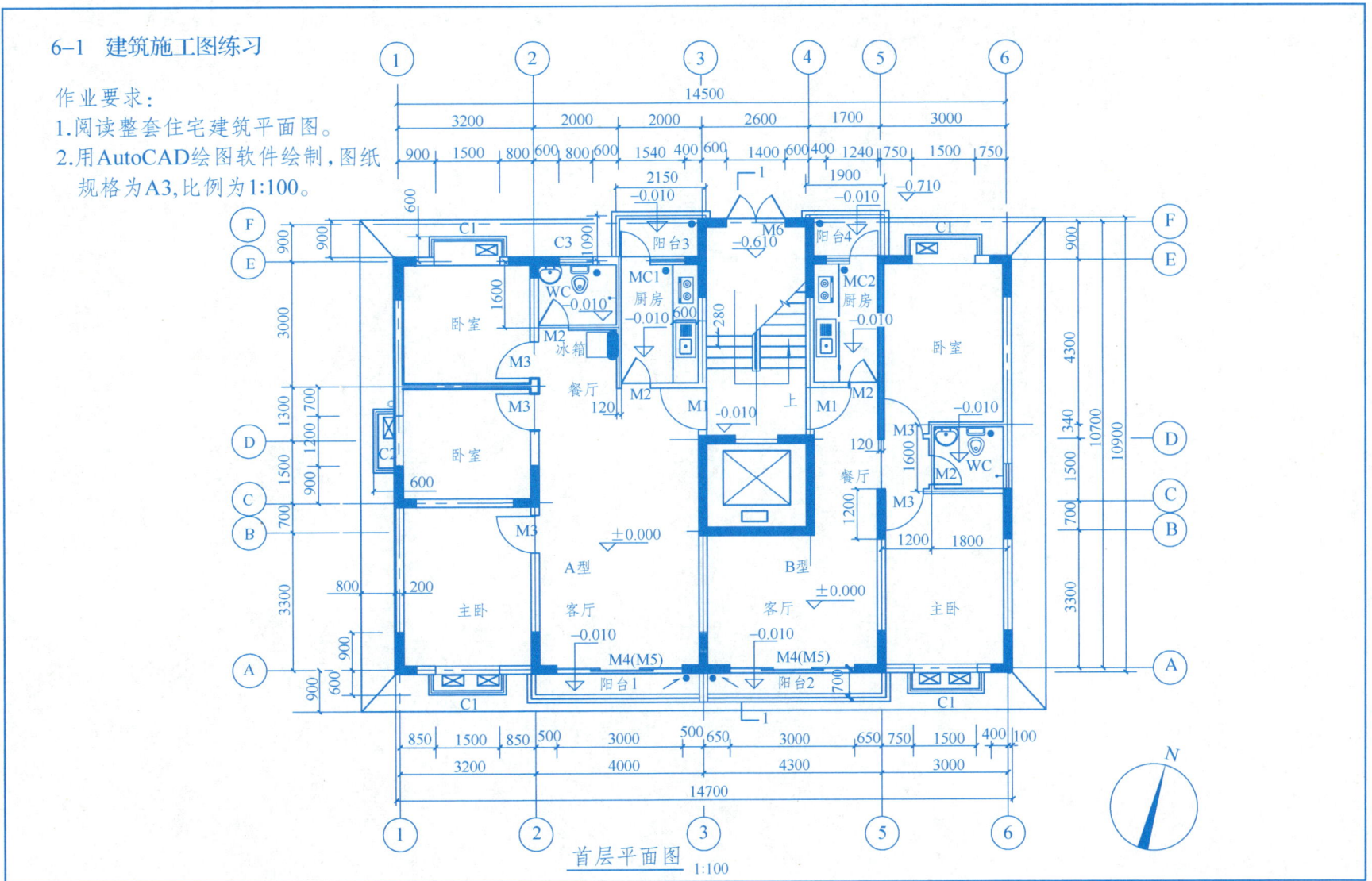

首层平面图 1:100

6-2 建筑施工图练习

作业要求：

1. 阅读整套住宅建筑平面图。

2. 用AutoCAD绘图软件绘制，图纸规格为 A3，比例为1:100。

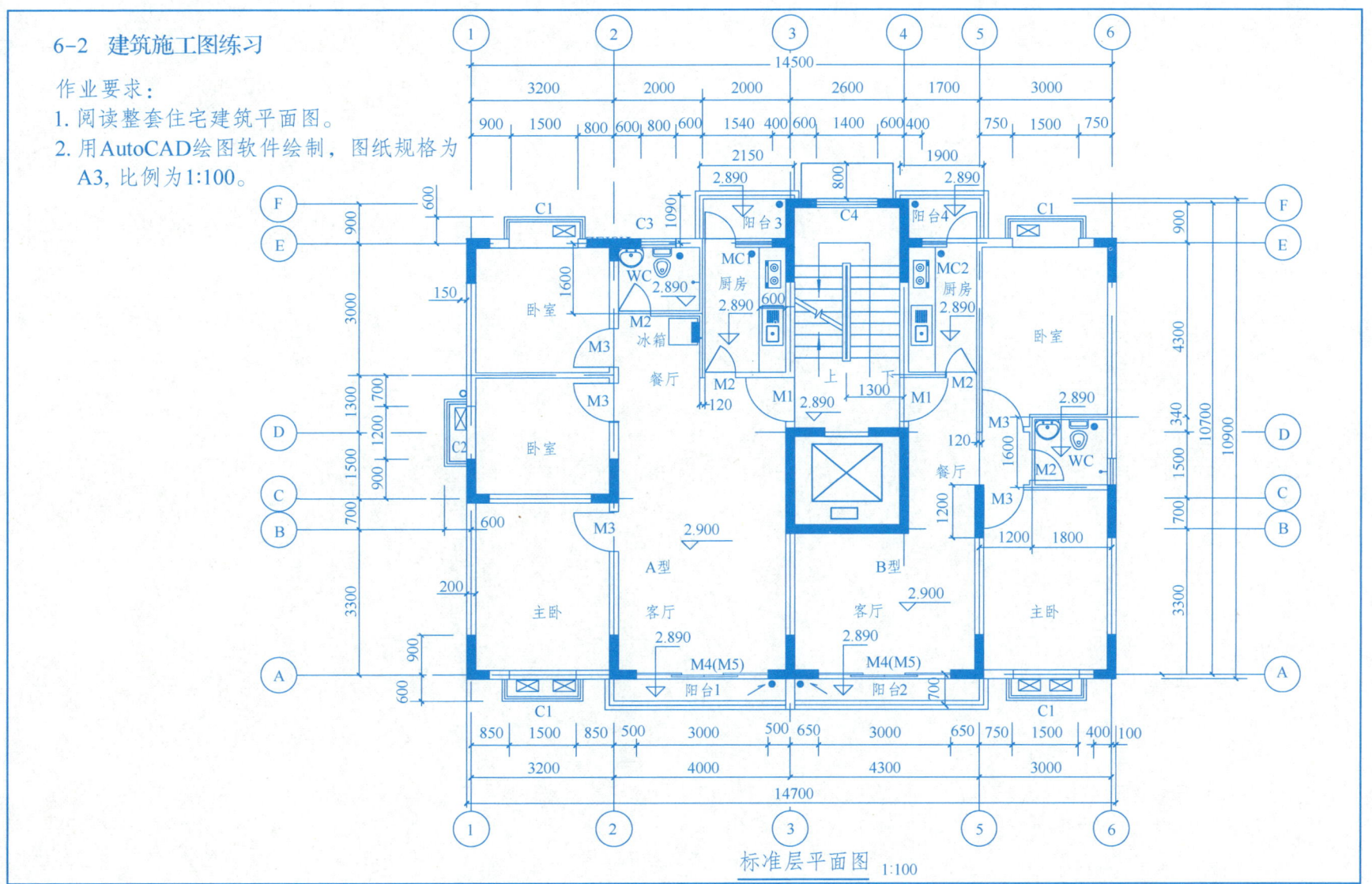

标准层平面图 1:100

6-3 建筑施工图练习

作业要求：
1.阅读整套住宅建筑立面图。
2.用AutoCAD绘图软件绘制，图纸规格为A3,比例为1:100。

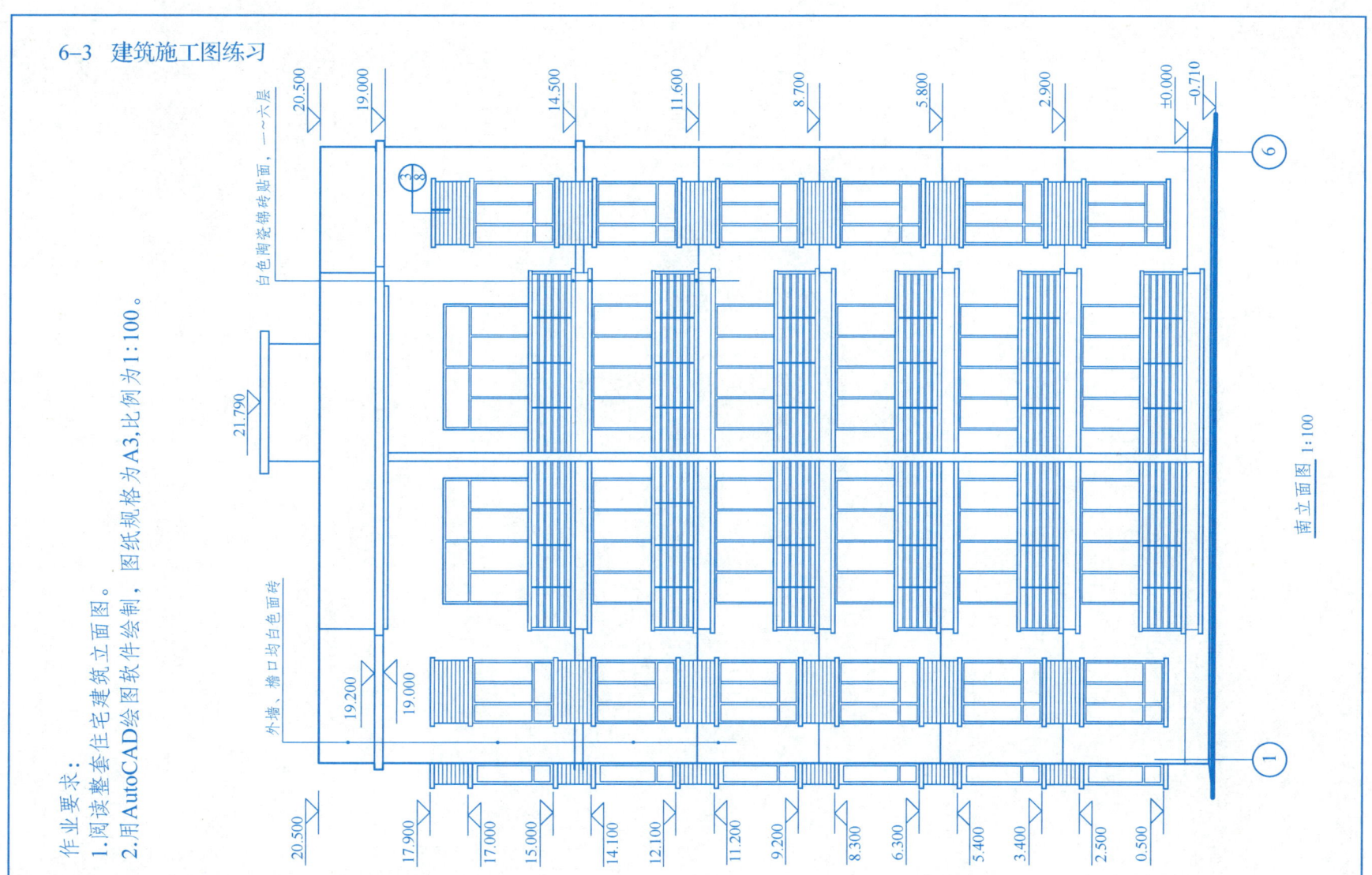

南立面图 1:100

44

6—4　建筑施工图练习　　　作业要求：1.阅读整套住宅建筑立面图。2.用AutoCAD绘图软件绘制，图纸规格为A3，比例为1:100。

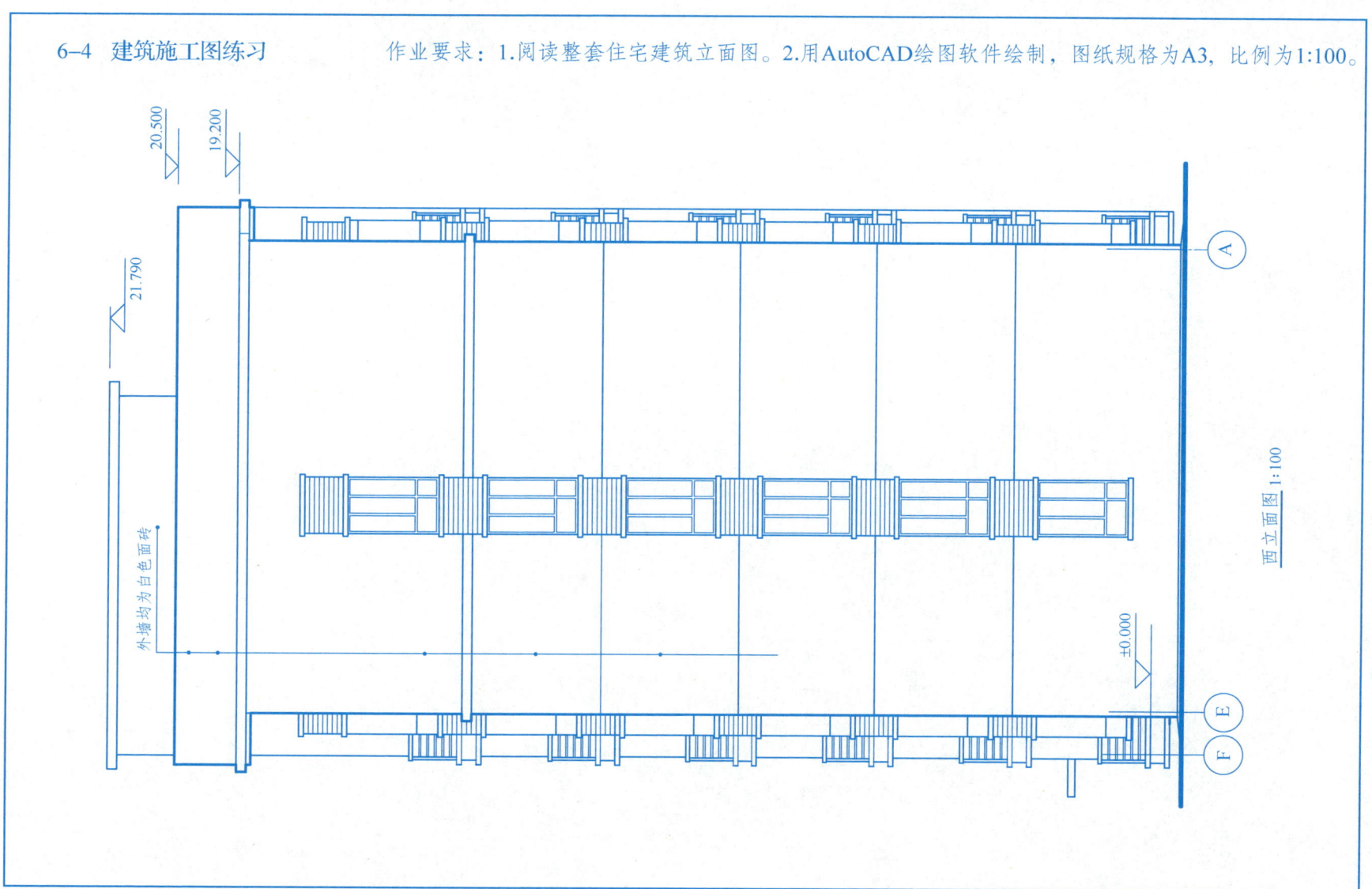

西立面图 1:100

6—5 建筑施工图练习 作业要求：1.阅读整套住宅建筑剖面图。2.用AutoCAD绘图软件绘制，图纸规格为A3，比例为1:100。

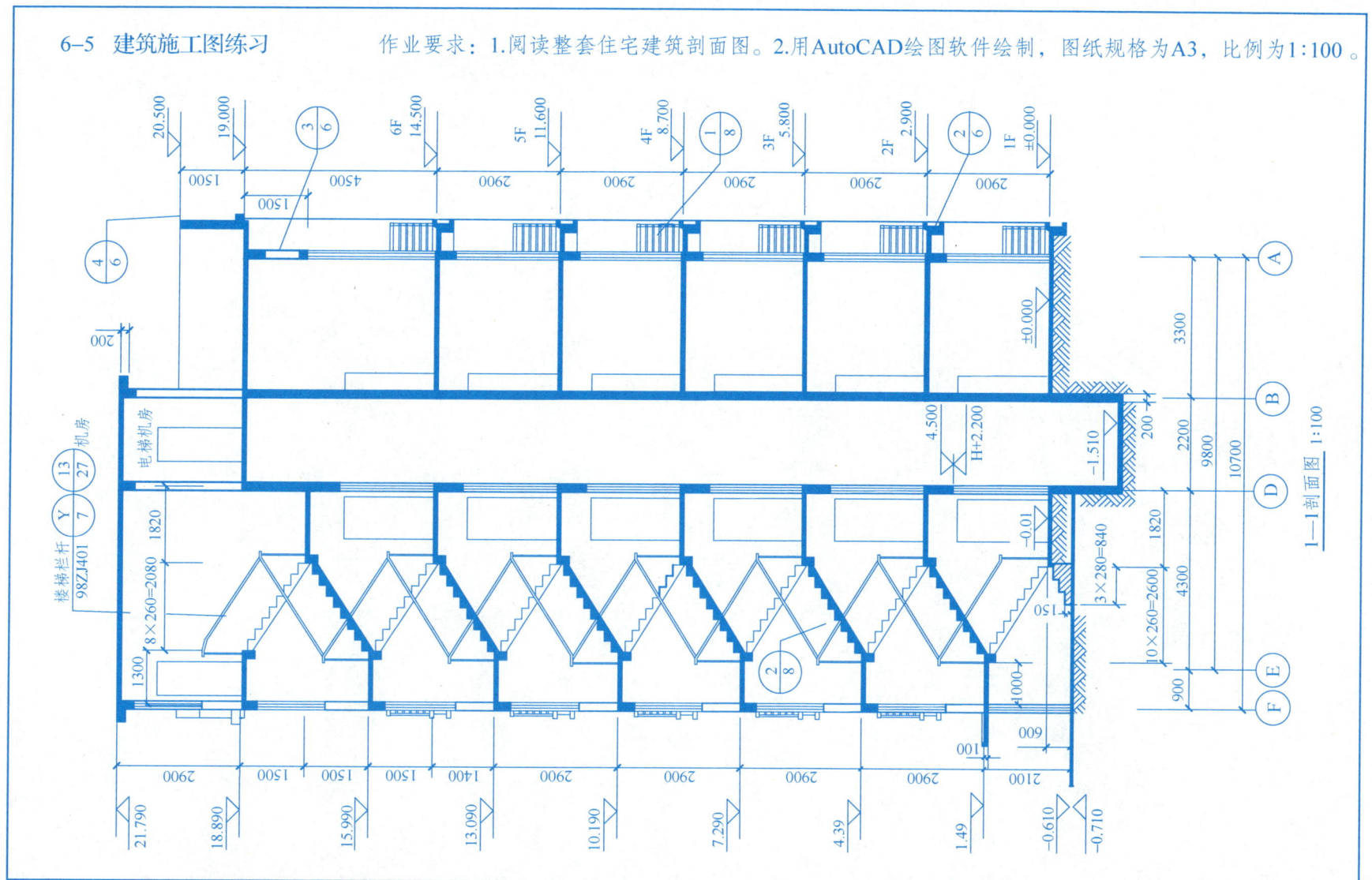

1—1剖面图 1:100

6-6 建筑施工图练习　　　　作业要求：1.阅读住宅外墙节点详图。2.用AutoCAD绘图软件绘制，图纸规格为A3，比例为1:100。

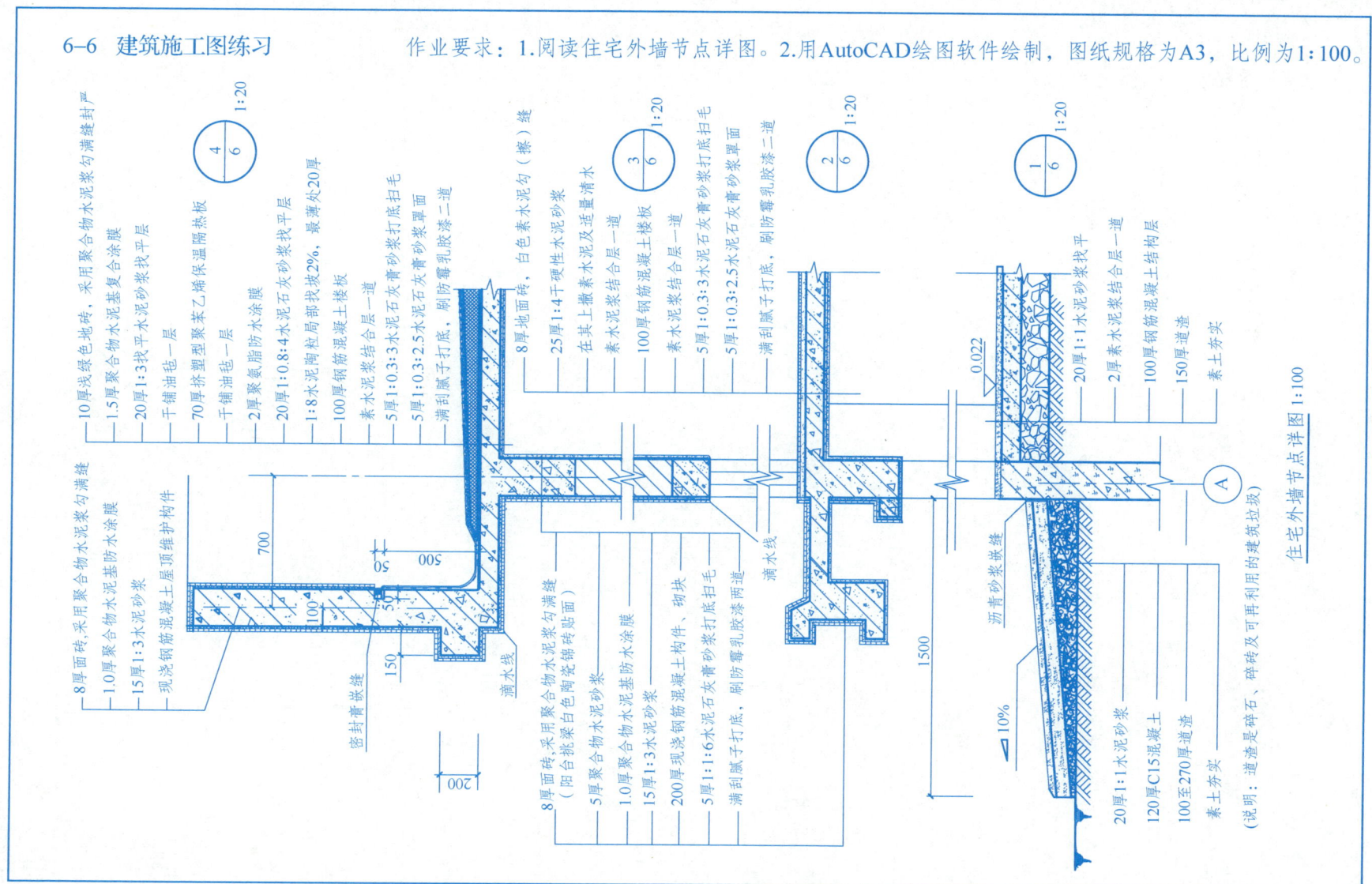

住宅外墙节点详图 1:100

（说明：道渣是碎石、碎砖及可再利用的建筑垃圾）

6-7 建筑施工图练习

作业要求：阅读楼梯详图，用A3图纸抄绘，比例1:50。

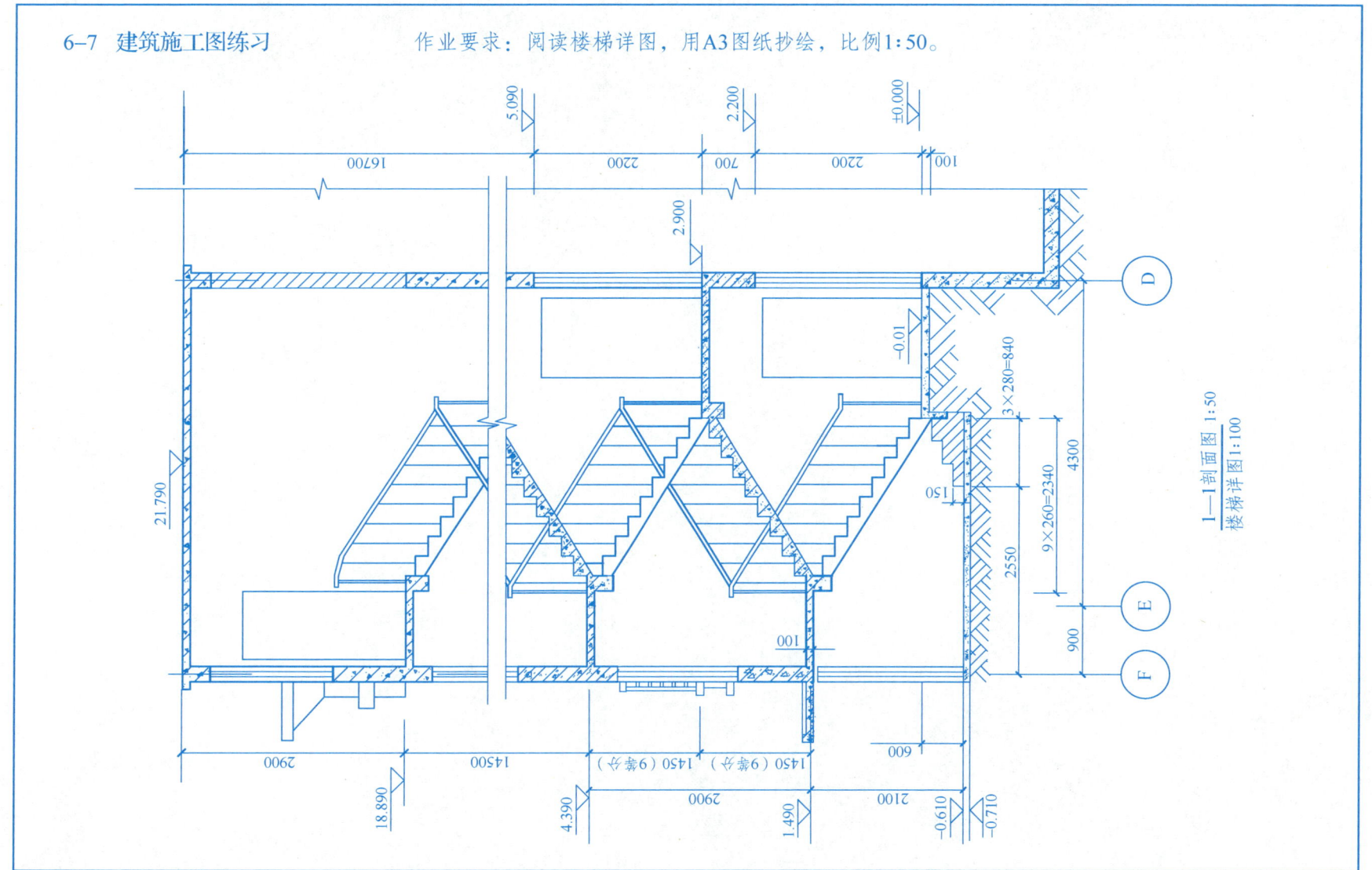

1——1剖面图1:50
楼梯详图1:100

6-8　建筑施工图练习　　　　作业要求：阅读楼梯详图，用A3图纸抄绘，参考图中比例。

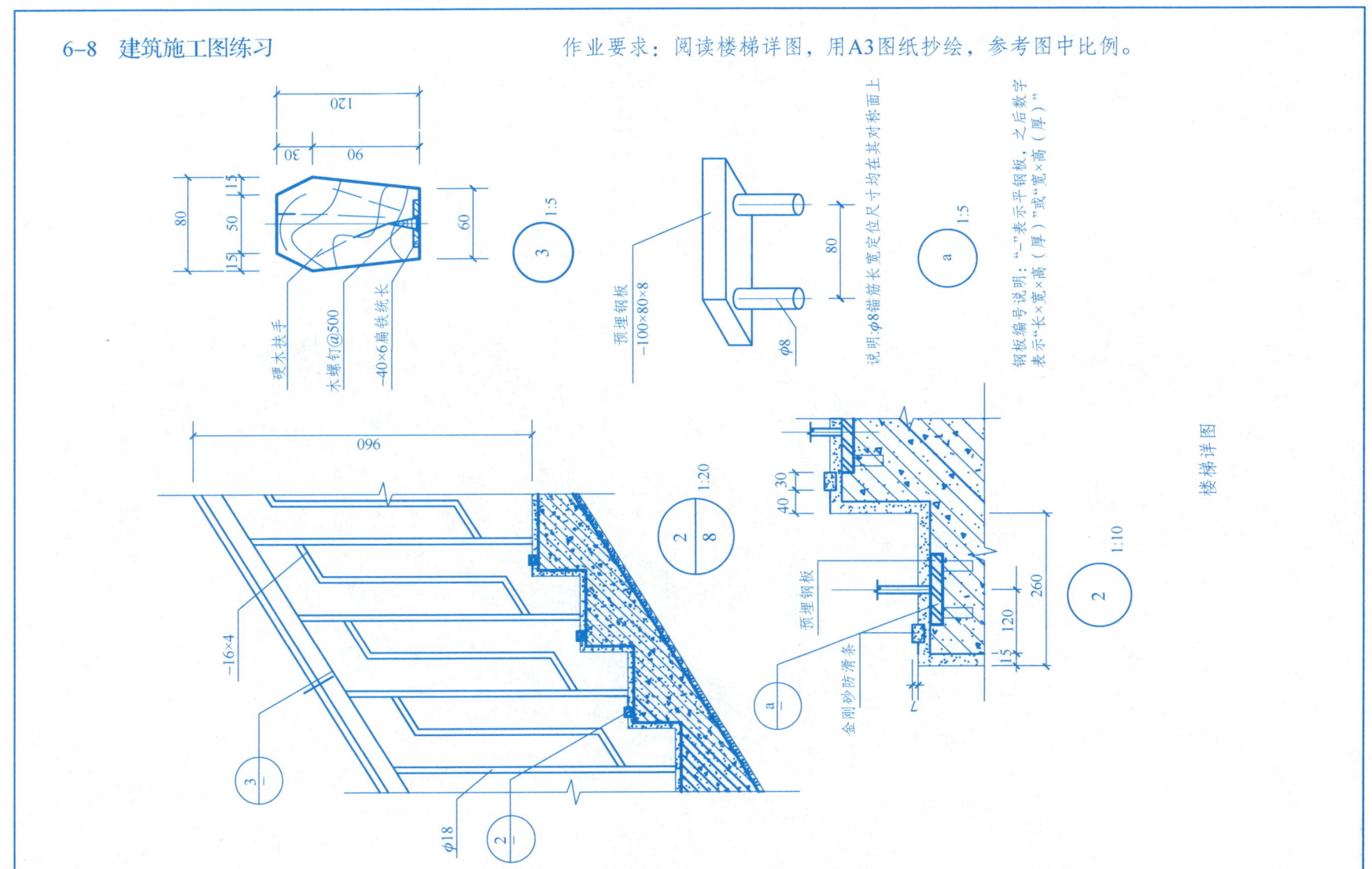

6-9　建筑施工图练习　　　作业要求：阅读阳台详图，用A3图纸抄绘，参考图中比例。

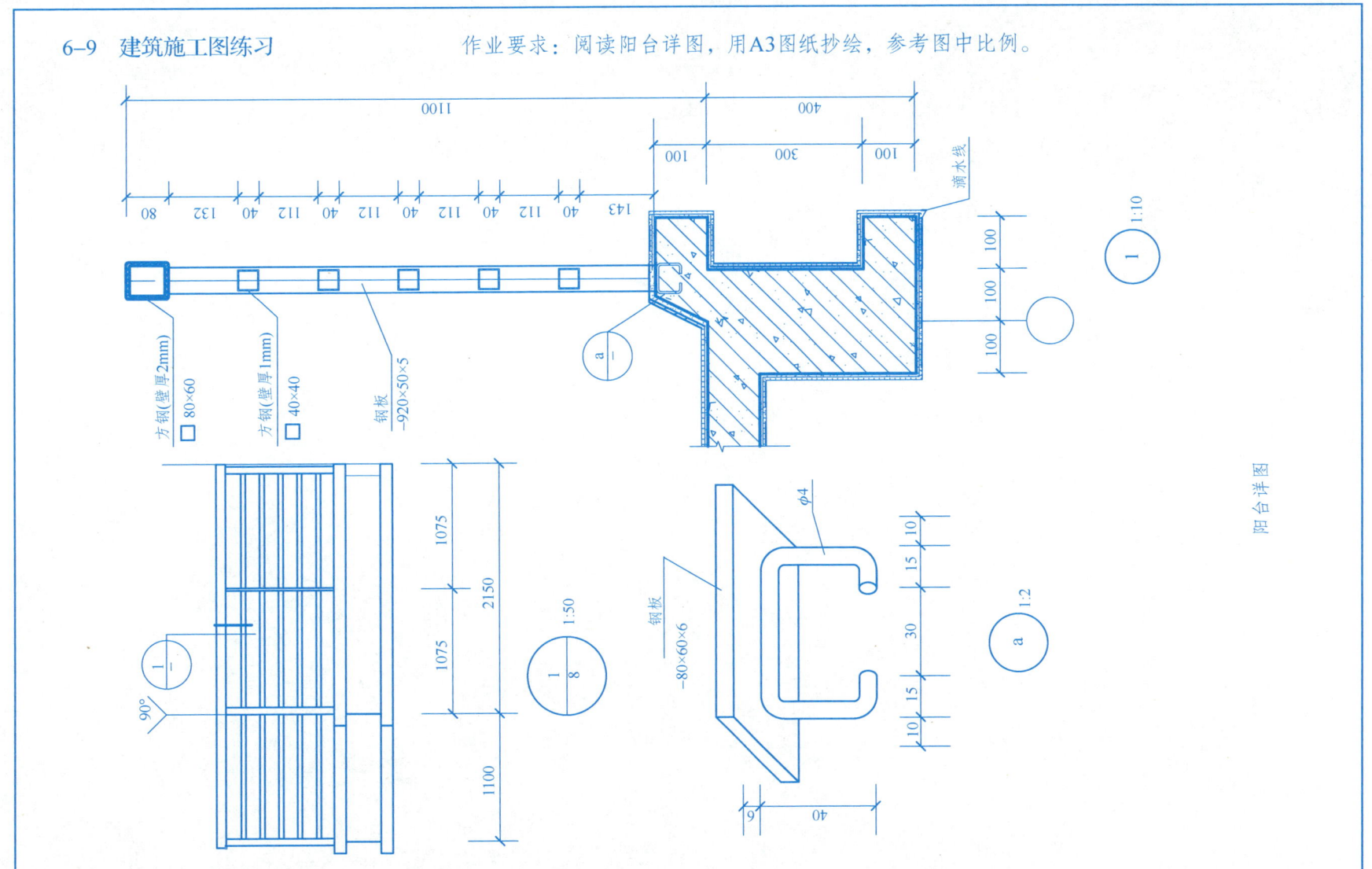

6-10 绘图与读图练习

作业要求：1.阅读住宅平、立面图（立面图为南北对称表示）。

2.用A2图纸抄绘平、立面图，并在适当位置用天正软件画剖面图（此建筑为框架结构，在不影响安全的前提下非承重结构可改变）。

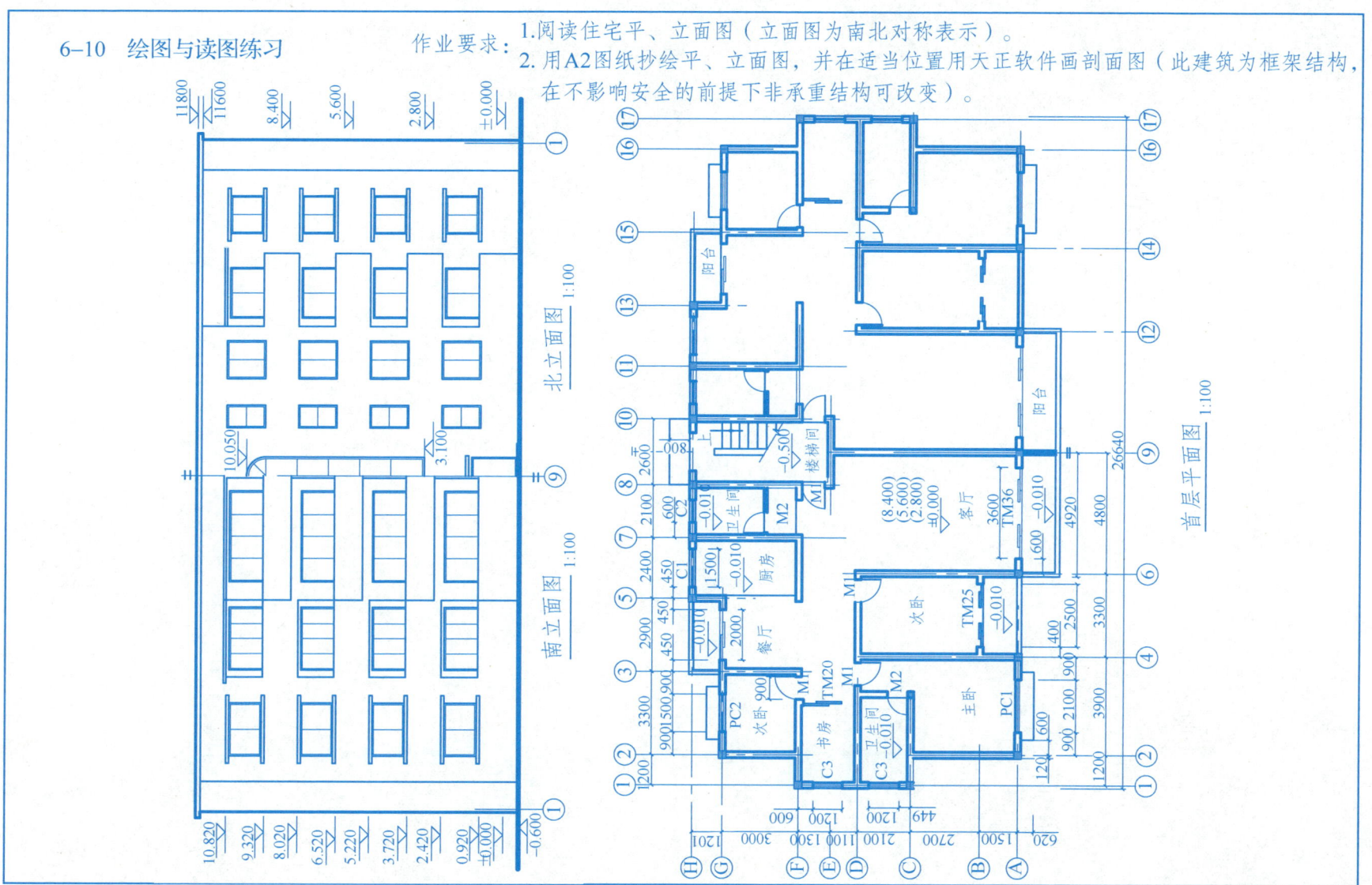

6-11 绘图与读图练习 作业要求：用天正或CAD软件在同一张图纸上绘制平、立、剖施工图，比例1:100，要求保证三个图的"三等关系"，并要求用A2图纸打印。

1-1剖面图 1:100

N

南立面图 1:100

首层平面图 1:100

7-1　结构施工图练习题

一、填充题

1. 结构设计主要包括_____
_____。

2. 由混凝土和钢筋两种材料构成整体的构件，称为_____
_____。

3. _____
_____称为结构平面布置图。它是根据_____
_____得到的。

4. 下列常用构件结构的代号名称：L _____，QL _____，
TL _____，WB _____，J _____，Z _____，B _____。

5. 钢筋混凝土梁和板，按其所起作用的不同有不同的名称：梁内
钢筋分为_____；板内钢筋分为_____。

6. 钢筋的保护层是指_____的厚度。

7. 钢筋的尺寸标注有两种形式，试说明两种标注形式中数字和符
号的含义：

$4 \phi 20$　　　　　　　　　　　　$\phi 8 @ 150$

8. 梁平法施工图是_____直接绘制在梁
平面布置图上。钢筋混凝土梁平法施工图应_____，_____可只画一
个标准层梁平法施工图。

9. 柱平法施工图是_____的图样。

10. 基础施工图是假想_____全剖面图，它
主要包括_____和_____。

11. 楼梯结构详图主要包括_____，主要
表达_____，以指导_____。

12. 型钢的常用连接方式有_____。

二、问答题

1. 结构施工图的主要构成内容和用途。

2. 何谓平法施工图？它与传统图示法的主要区别是什么？

3. 简述基础、地基的不同含义。

4. 在现浇板的配筋图中，钢筋的上下是如何规定的？

5. 简述钢结构施工图的主要组成内容。

7-2 结构施工图练习之一

作业要求：阅读框架梁及柱断面图;用AutoCAD绘图软件绘制，图纸规格为A3,参考图中比例。

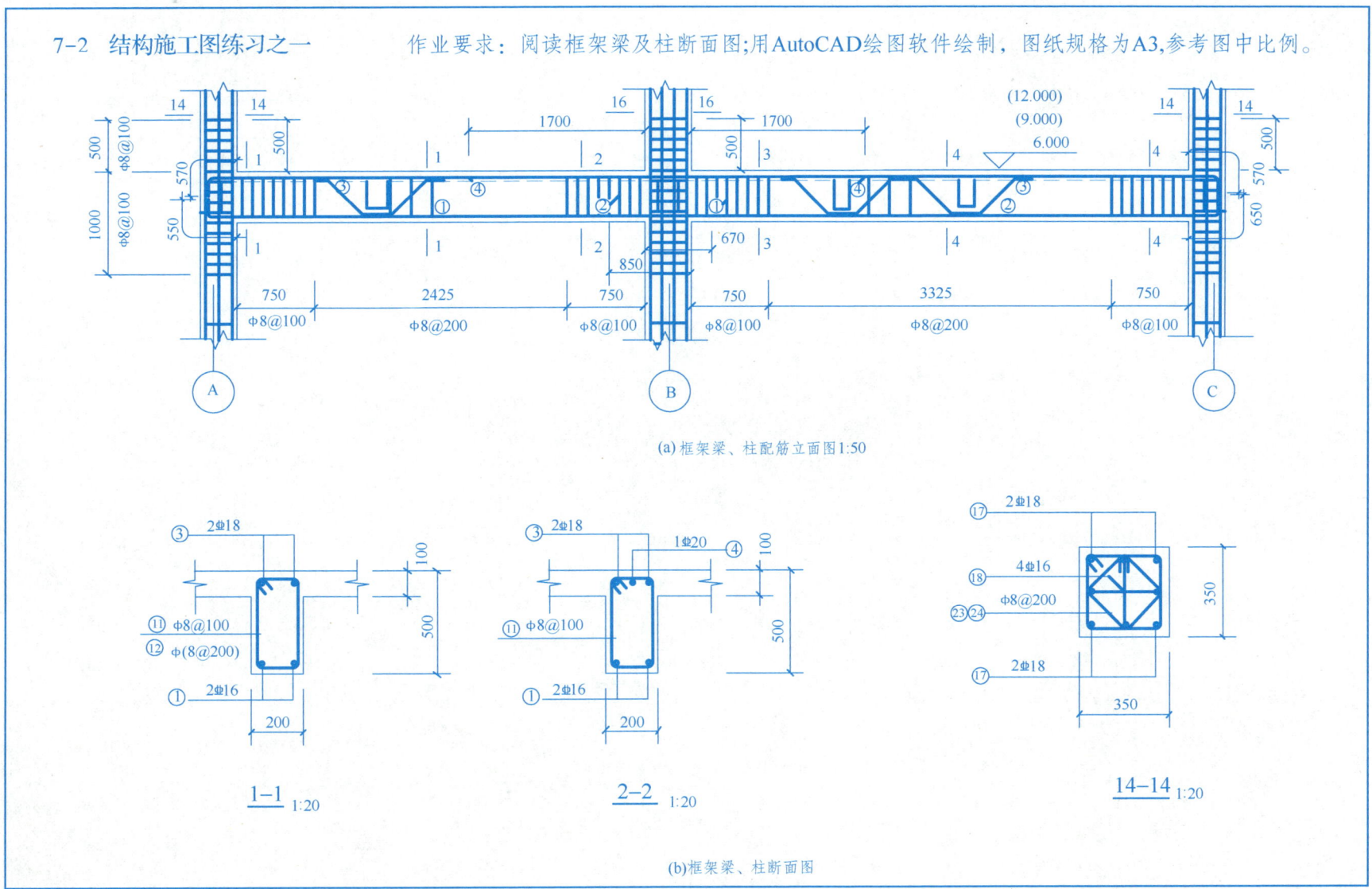

(a)框架梁、柱配筋立面图1:50

(b)框架梁、柱断面图

7-2 结构施工图练习之一

建议：

图线的基本线框b=0.6mm；

图中汉字字高7mm(图名字高10mm)；

尺寸数字字高3.5mm,定位轴线编号字高5mm；

详图索引符号内数字字高2.5mm。

说明：

1. 钢筋为HRB400（Φ）和HPB235（Φ）；

2. A、B、C柱的箍筋加密区范围及箍筋数量均相同，只是A、C是双肢箍，B为四肢箍；

3. 框架梁的吊筋为2Φ12。

4. 该作业为教材中钢筋混凝土框架结构公寓楼的②轴部分框架配筋详图。

7-3 结构施工图读图练习　　作业说明: 下图为教材中钢筋混凝土框架结构公寓"标准层梁平法施工图"，在认真读懂教材中KL2(2)的基础上，试解读①轴上的框架梁KL1(2)的配筋情况。详见教材图9-9公寓梁平法施工图。

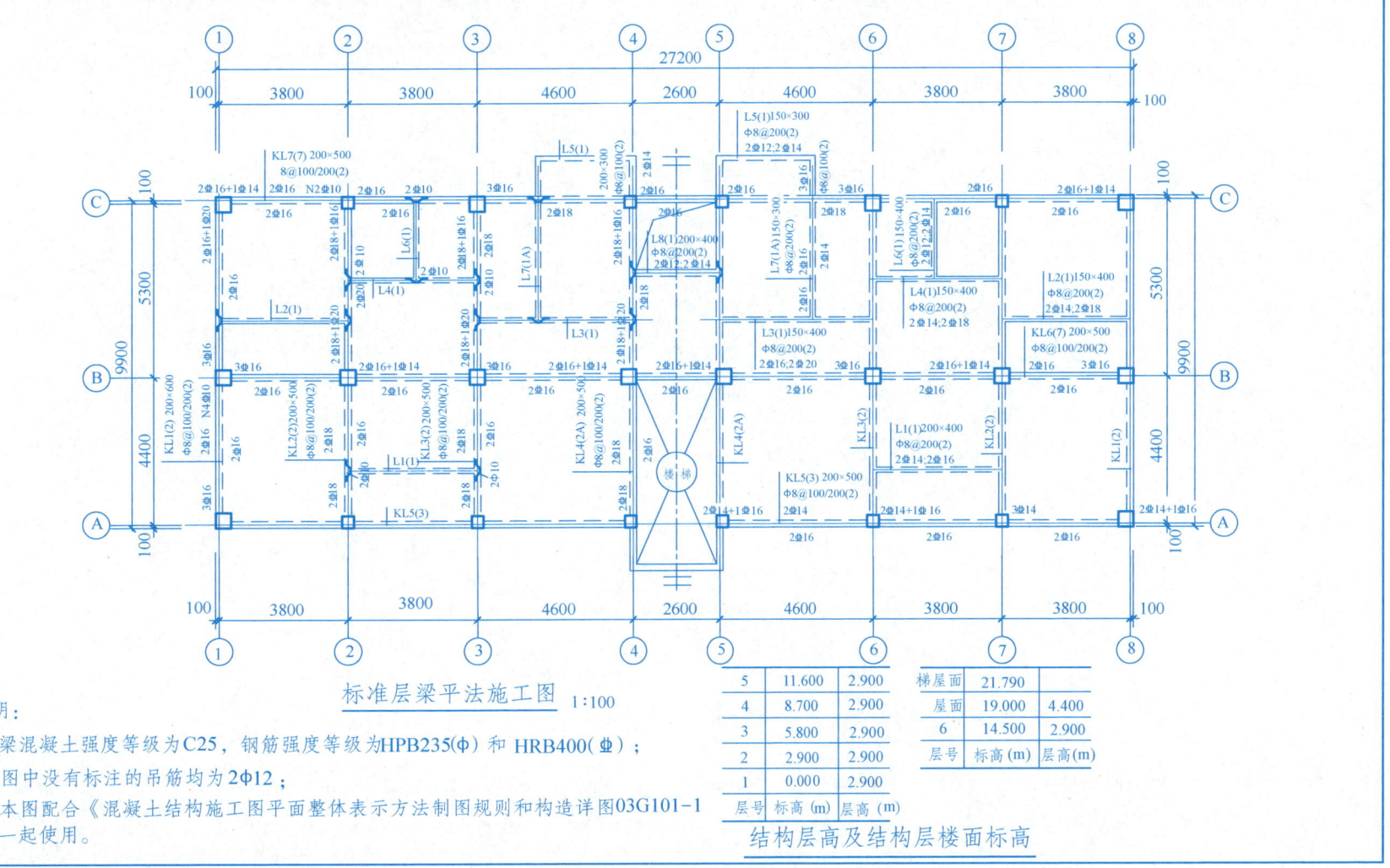

标准层梁平法施工图 1:100

说明:

1.梁混凝土强度等级为C25，钢筋强度等级为HPB235(φ) 和 HRB400(Φ);

2.图中没有标注的吊筋均为2φ12;

3.本图配合《混凝土结构施工图平面整体表示方法制图规则和构造详图03G101-1 一起使用。

层号	标高(m)	层高(m)
5	11.600	2.900
4	8.700	2.900
3	5.800	2.900
2	2.900	2.900
1	0.000	2.900

层号	标高(m)	层高(m)
梯屋面	21.790	
屋面	19.000	4.400
6	14.500	2.900

结构层高及结构层楼面标高

8-1　阅读住宅给水排水平面图，由教师指导抄绘其平面图，比例1:50。

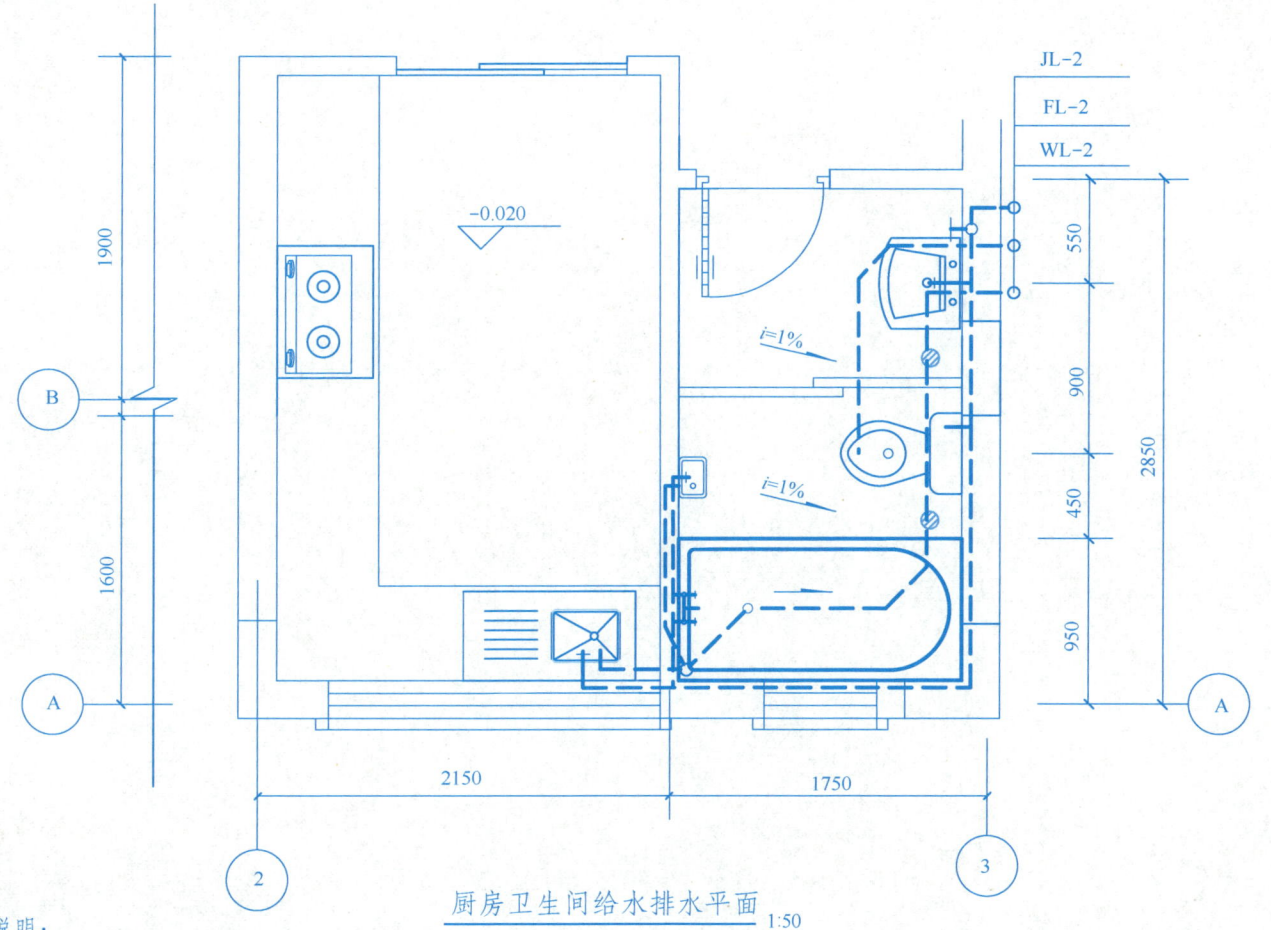

厨房卫生间给水排水平面
1:50

作业提示与说明：
　　给水管采用暗敷于墙内的安装方式。根据编号为GB/T50106-2010的最新国家标准规定，新设计的各种给水管线的不可见轮廓线使用中粗虚线，新设计的各种排水管线的不可见轮廓线使用粗虚线。所以，本作业平面图中的给水管线采用中粗虚线，宽约为0.5mm；排水管线采用粗虚线，线宽约0.7mm。

8-2 阅读住宅给水排水系统图，由教师指导抄绘其平面图，比例1:50。

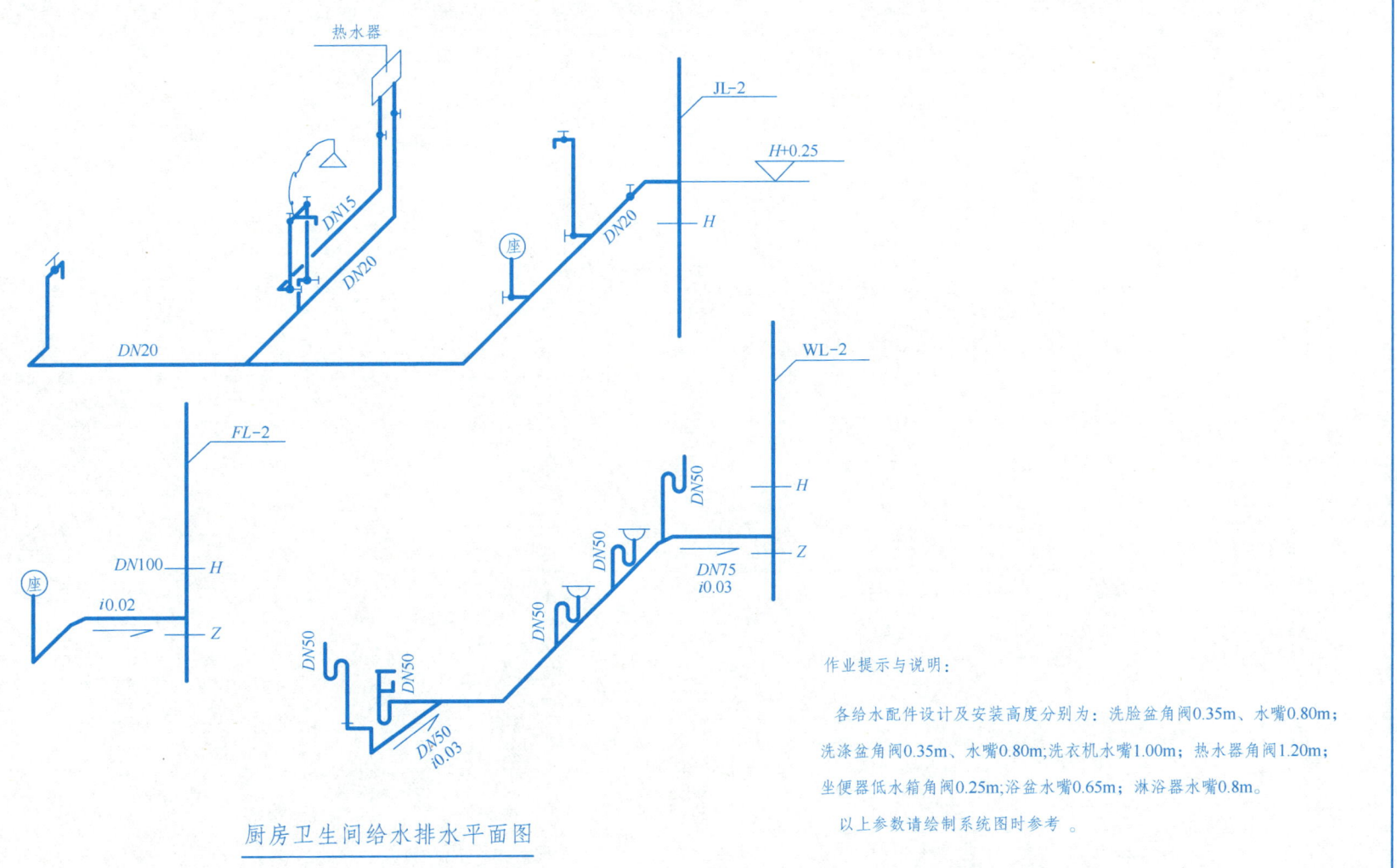

热水器

JL-2

H+0.25

DN15

H

DN20

座

DN20

DN20

WL-2

FL-2

DN50

H

DN100   H

座

Z

DN50

DN75
i0.03

i0.02

Z

DN50

DN50

DN50
i0.03

厨房卫生间给水排水平面图

作业提示与说明：

各给水配件设计及安装高度分别为：洗脸盆角阀0.35m、水嘴0.80m；
洗涤盆角阀0.35m、水嘴0.80m；洗衣机水嘴1.00m；热水器角阀1.20m；
坐便器低水箱角阀0.25m；浴盆水嘴0.65m；淋浴器水嘴0.8m。

以上参数请绘制系统图时参考。

9-1 填充题：阅读道路地形图完成下列填空。

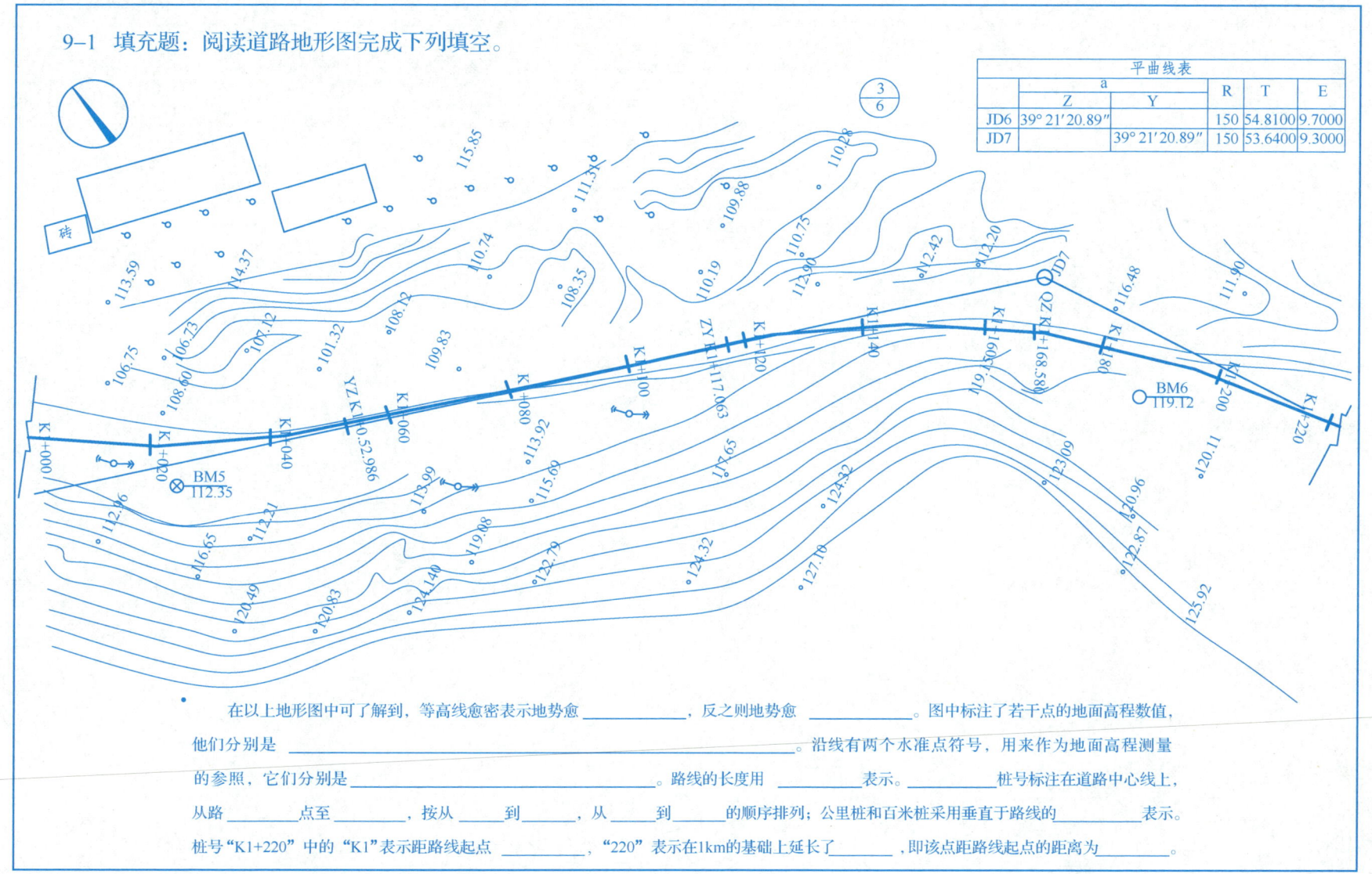

平曲线表						
	a			R	T	E
	Z	Y				
JD6	39° 21′20.89″			150	54.8100	9.7000
JD7		39° 21′20.89″		150	53.6400	9.3000

在以上地形图中可了解到，等高线愈密表示地势愈＿＿＿＿＿＿，反之则地势愈＿＿＿＿＿＿。图中标注了若干点的地面高程数值，

他们分别是＿＿＿＿＿＿＿＿＿＿＿＿＿＿＿＿＿＿＿＿＿＿。沿线有两个水准点符号，用来作为地面高程测量

的参照，它们分别是＿＿＿＿＿＿＿＿＿＿＿＿＿＿＿＿。路线的长度用＿＿＿＿＿＿表示。＿＿＿＿＿桩号标注在道路中心线上，

从路＿＿＿＿点至＿＿＿＿，按从＿＿＿到＿＿＿，从＿＿＿到＿＿＿的顺序排列；公里桩和百米桩采用垂直于路线的＿＿＿＿＿表示。

桩号"K1+220"中的"K1"表示距路线起点＿＿＿＿＿＿，"220"表示在1km的基础上延长了＿＿＿＿＿，即该点距路线起点的距离为＿＿＿＿＿＿。

59

9-2 读图题：阅读悬索桥构造图，回答问题。

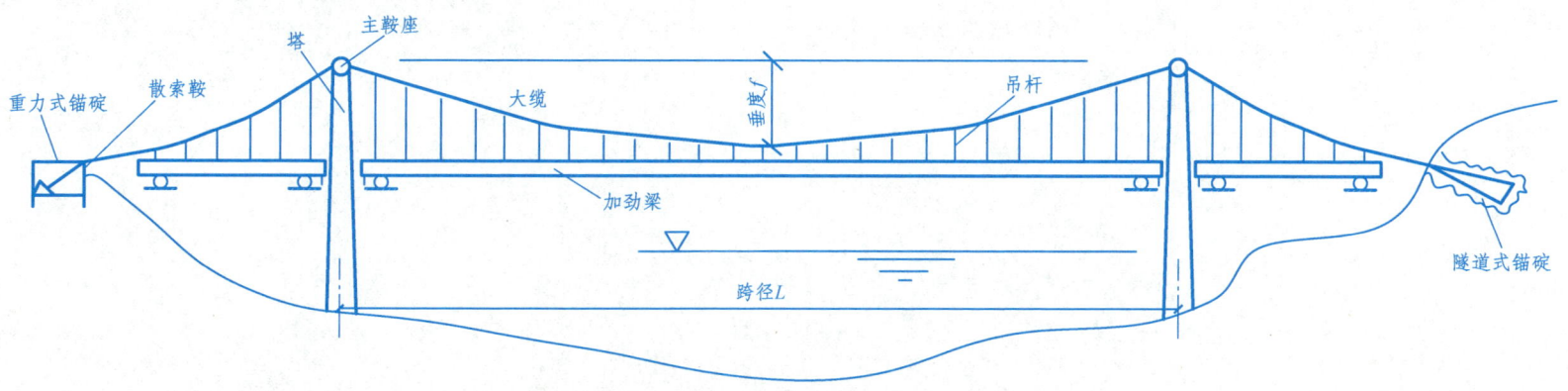

1. 悬索桥是由哪些构件构成的柔性悬挂体系？

2. 为什么说主缆是结构体系中的主要承重构件？

3. 锚碇是锚固主缆的结构，谈一下它的拉力传递方式。

(关于习题部分答案的说明：所做答案不是按习题集原题1:1绘制，目的是避免简单照搬。并希望做作业时不要先看答案，而是首先思考，建立空间概念，必要的时候参考一下答案)

1–1　正投影图练习一答案

(3) 根据立体图完成点的二维投影，尺寸在立体图中1:1量取。

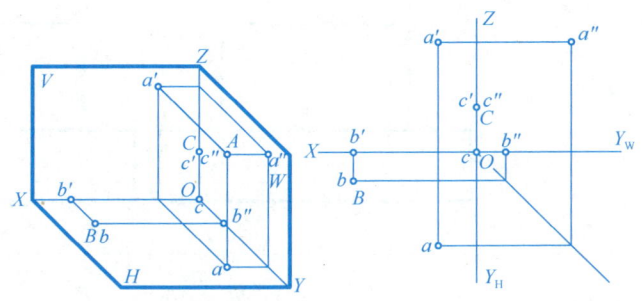

(4) 已知点 A、B、C 的两投影，补出第三投影。

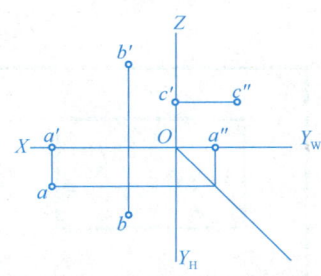

1–2　正投影图练习二答案

(1) 已知点 A(25, 20, 20)、B(20, 10, 5)、C(5, 0, 5)，求作它们的三面投影图。

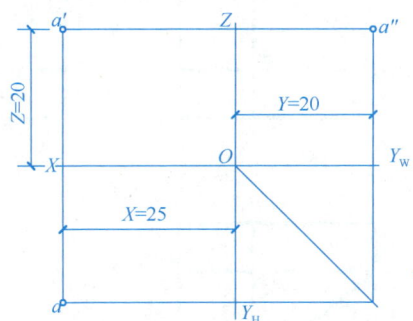

此题只完成 A 点答案。

(3) 已知凹字形平面图形 V、W 投影，试补全其 H 面投影。

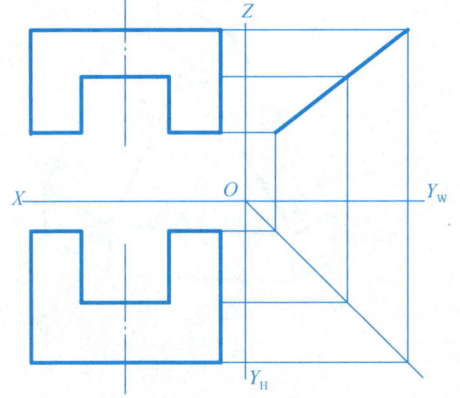

班级 _____ 学号 _____ 姓名 _____

1-3 正投影图练习三

(1) 在立体的投影图上，标出线段的三面投影，参考 *AB* 答案。

AB 是 ___正平线___ 线

BC 是 ___铅锤___ 线

BD 是 ___水平线___ 线

AD 是 ___侧平线___ 线

AE 是 ___侧垂线___ 线

AF 是 ___正垂线___ 线

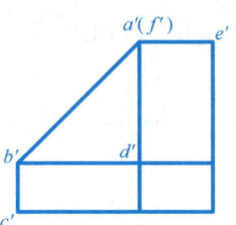
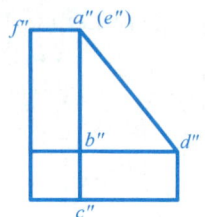

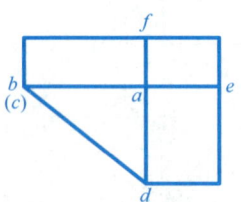

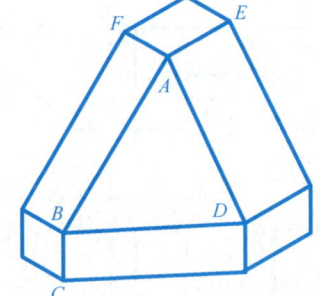

1-8 创意题：设计两组符合水平投影的物体的 *V*、*W* 投影图。

第一组

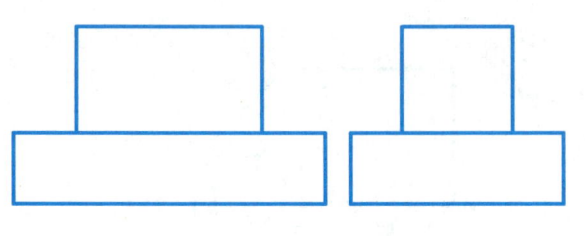

第二组

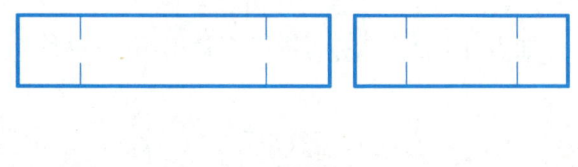

物体的水平投影图

62

1-9 已知两面投影，完成其平面投影。

(1)

1-10 已知两面投影，完成左侧立面投影。

(1)

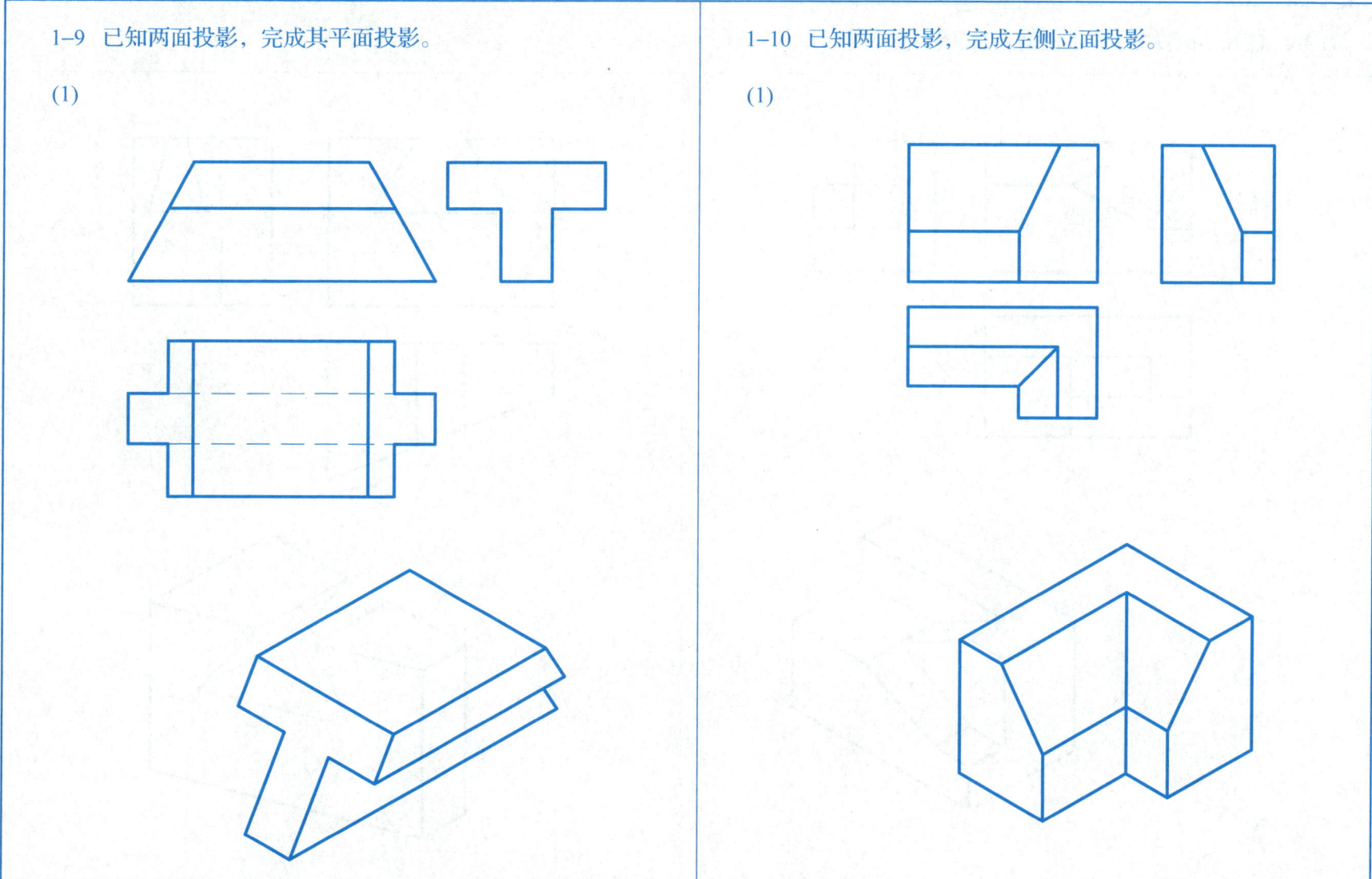

1-10 已知两面投影，完成左侧立面投影。

(3)

(4)

1-12 根据所给的两面投影，画出其平面投影。

1-13 完成五棱柱被截后的三面投影。

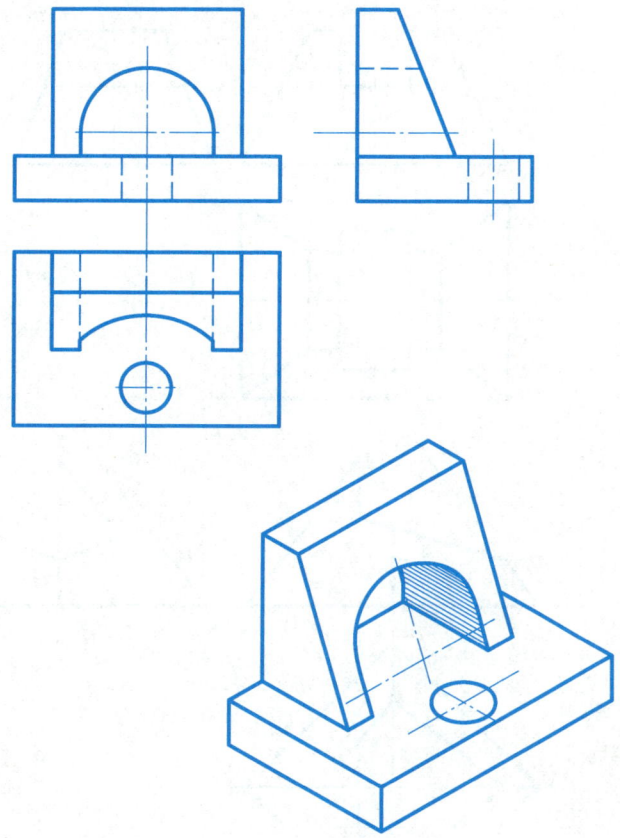

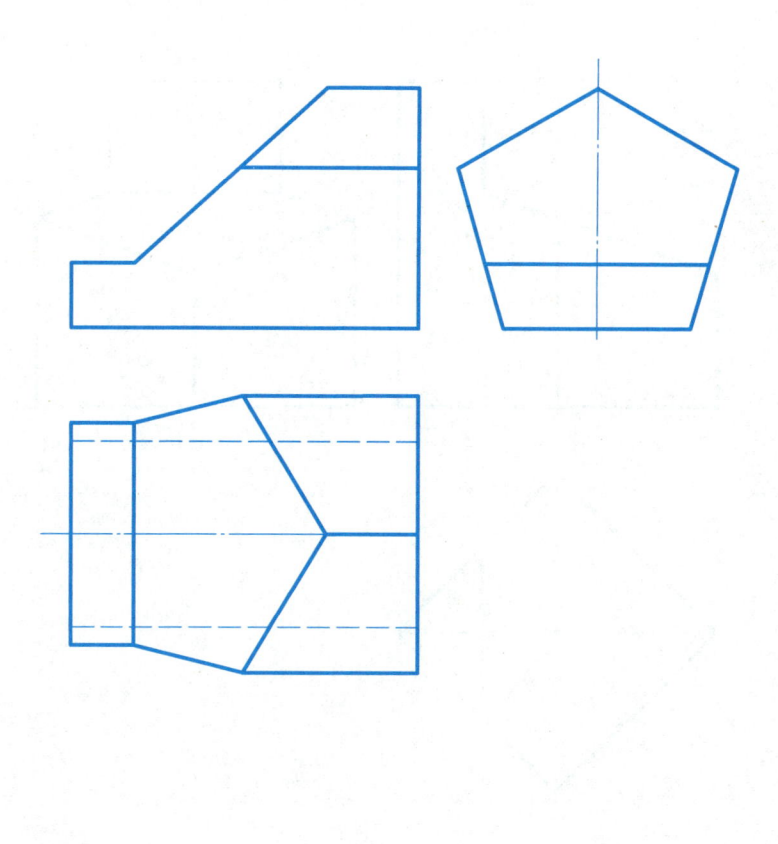

提示：*V*、*H* 面圆弧投影均为非圆曲线（椭圆的一部分）。

1-14 完成四棱柱被截切后的三面投影图。

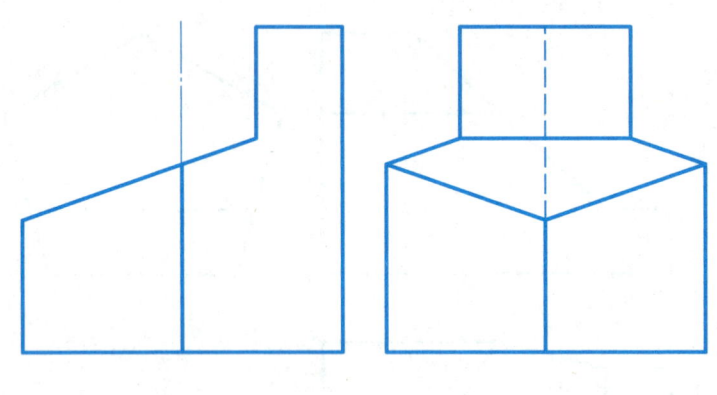

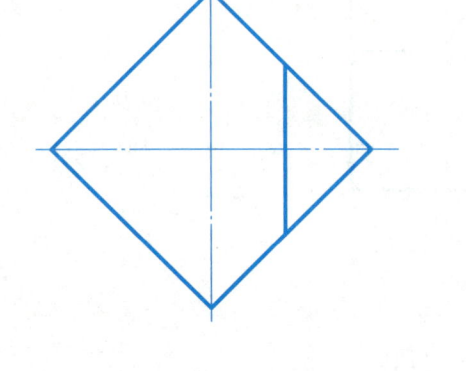

1-15 完成棱锥被截切后的三面投影图。

(1)

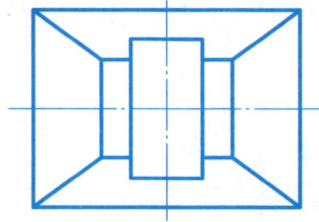

(2)

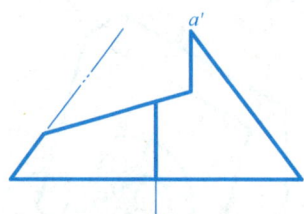

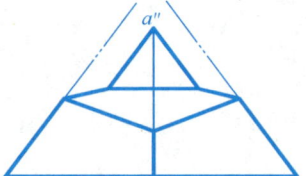

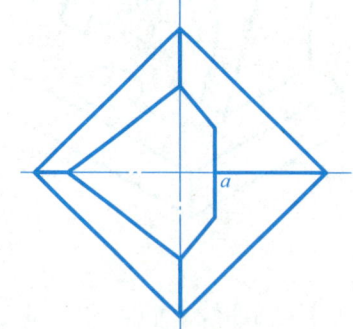

1-16　完成圆柱被截切后的三面投影。

(1)

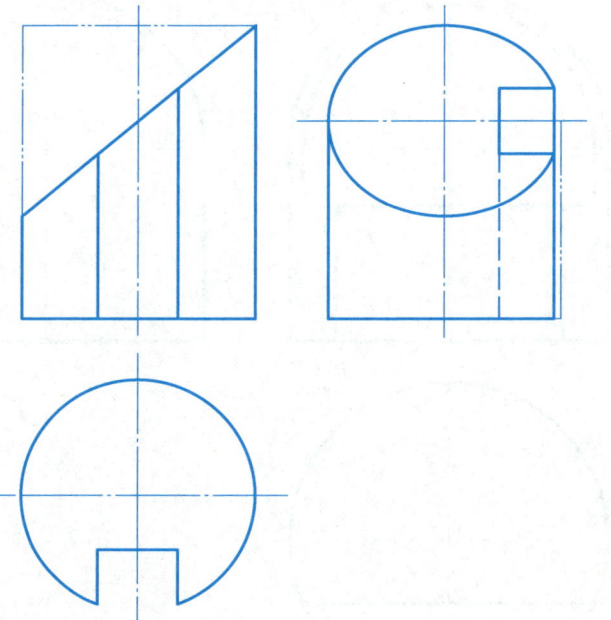

1-17　完成圆锥被截切后的三面投影图。

(2)

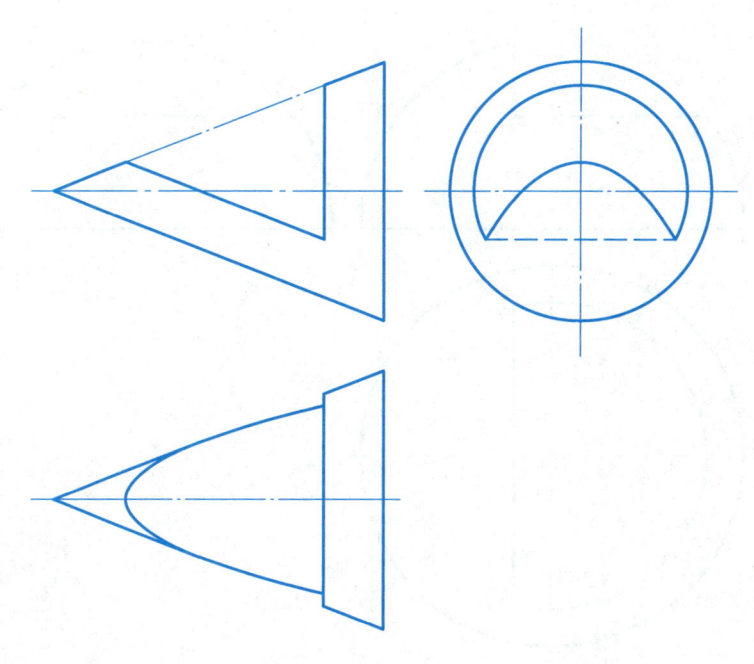

1-18 完成半球及圆柱被截切后的三面投影图。

(1)

(2)

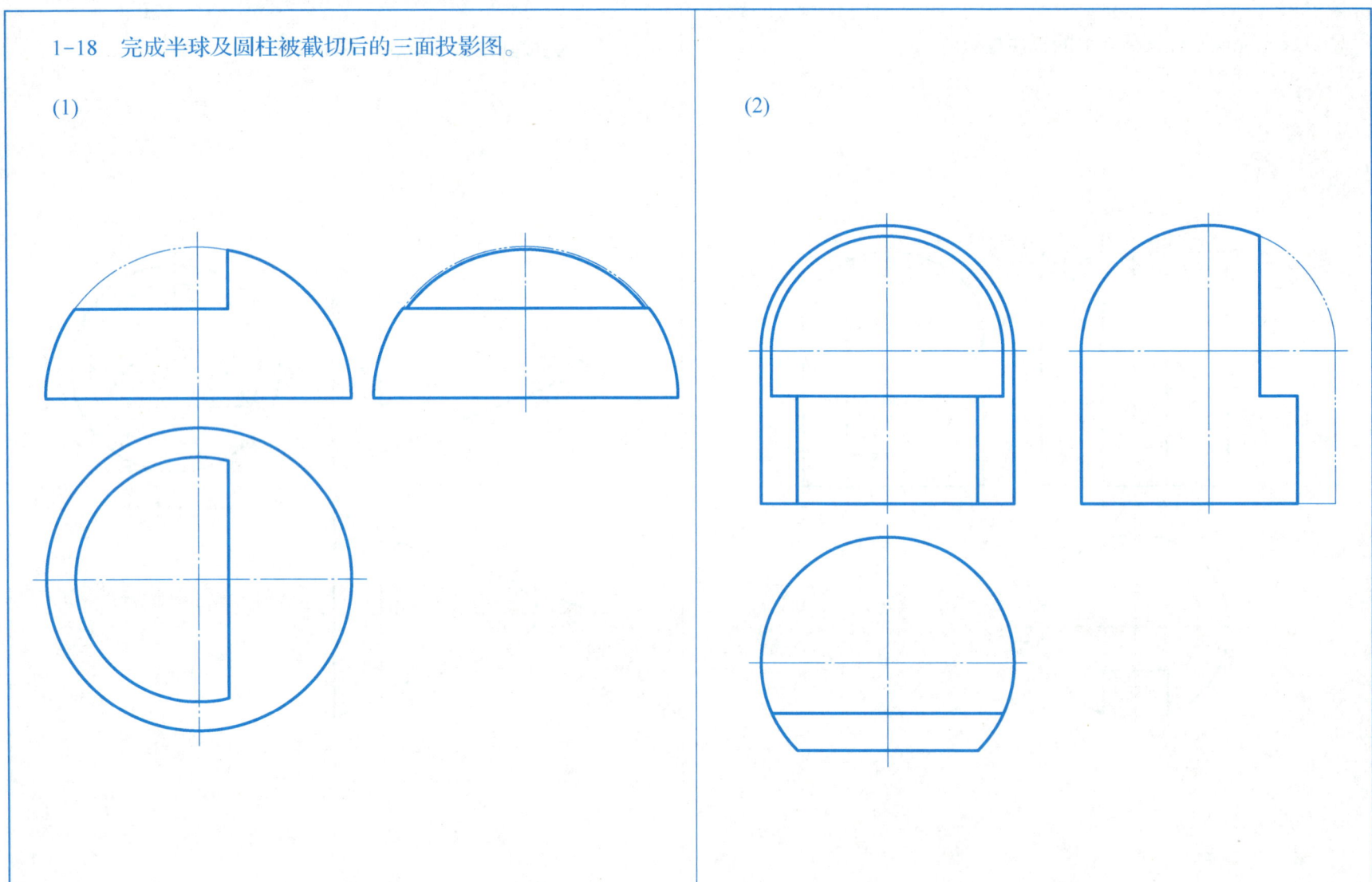

1-19 完成两平面立体相贯线的三面投影。

(2)

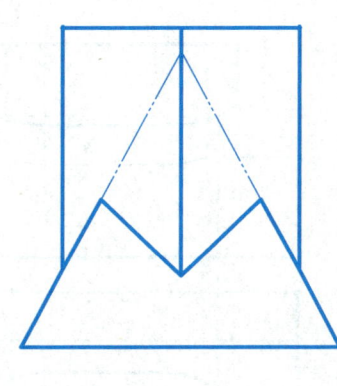

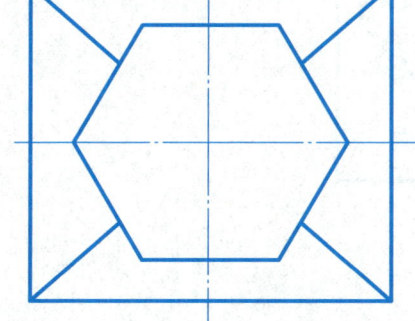

1-20 补全气窗、烟囱与同坡屋面交线的两面投影。

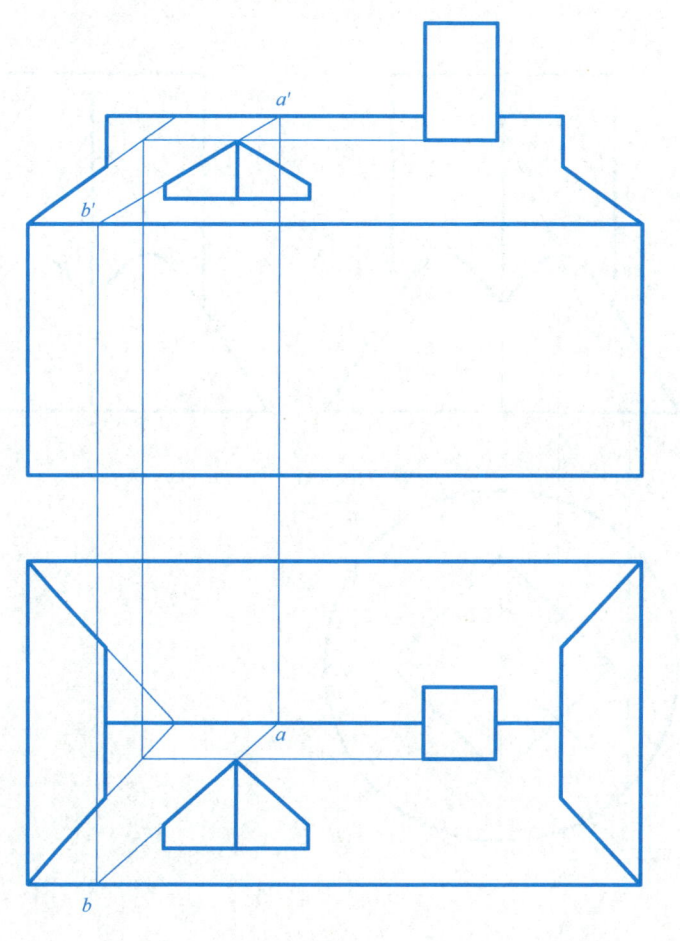

1-21 完成平面立体与曲面立体相贯的投影。

1-22 完成相贯体的相贯线的投影。

(1)

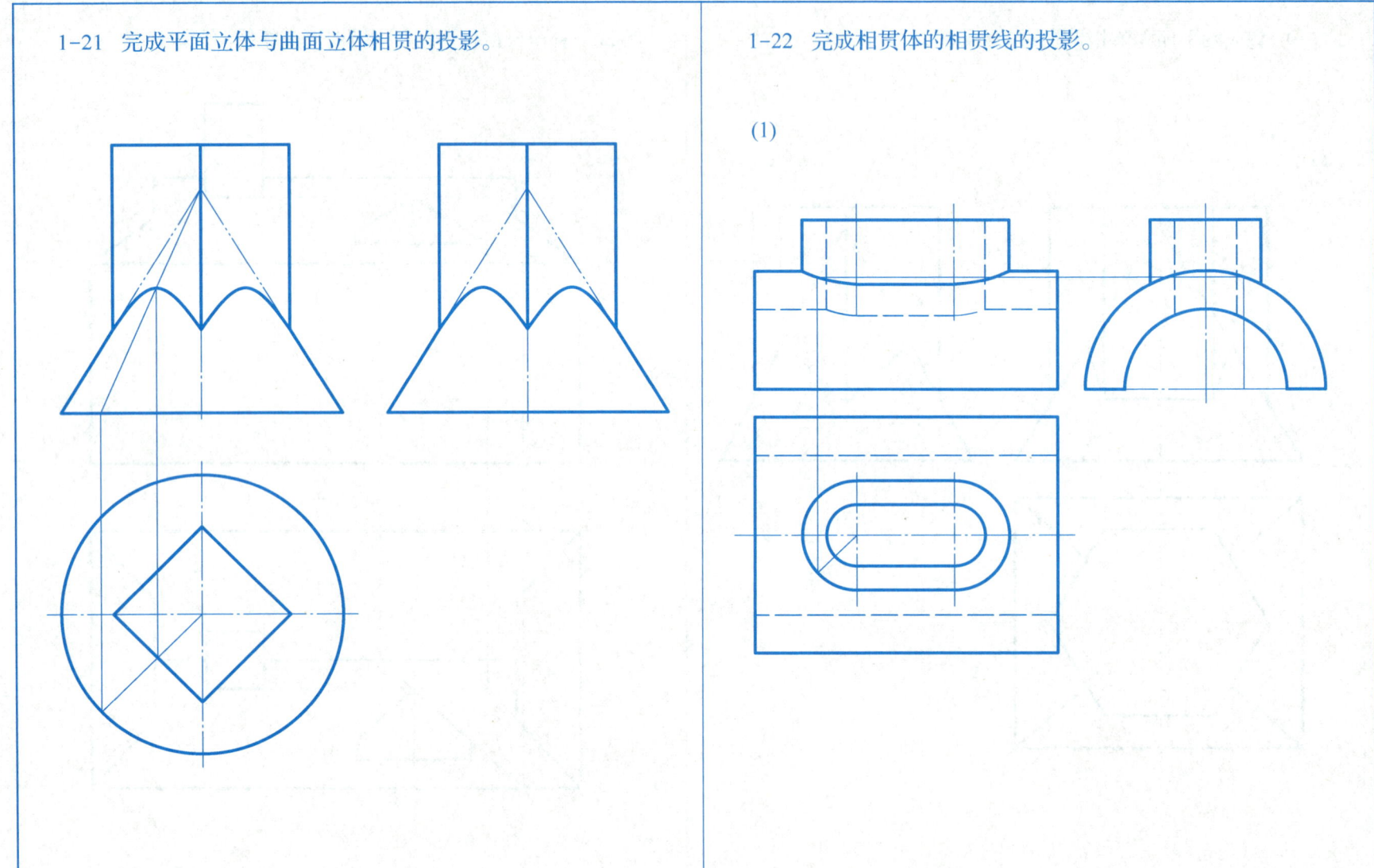

1-23 补画圆柱与圆锥的相贯线。

1-24 补画相贯体的相贯线。

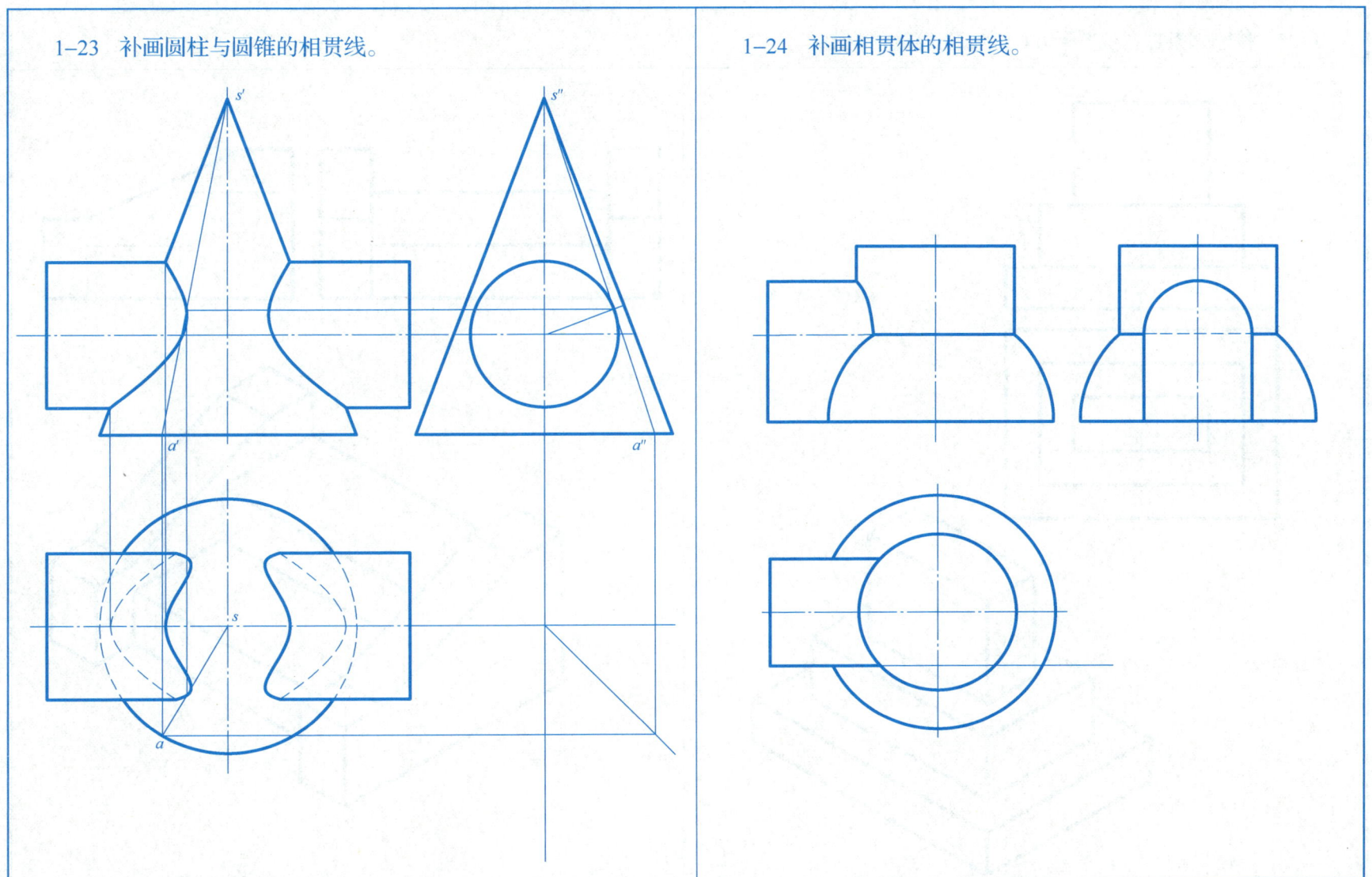

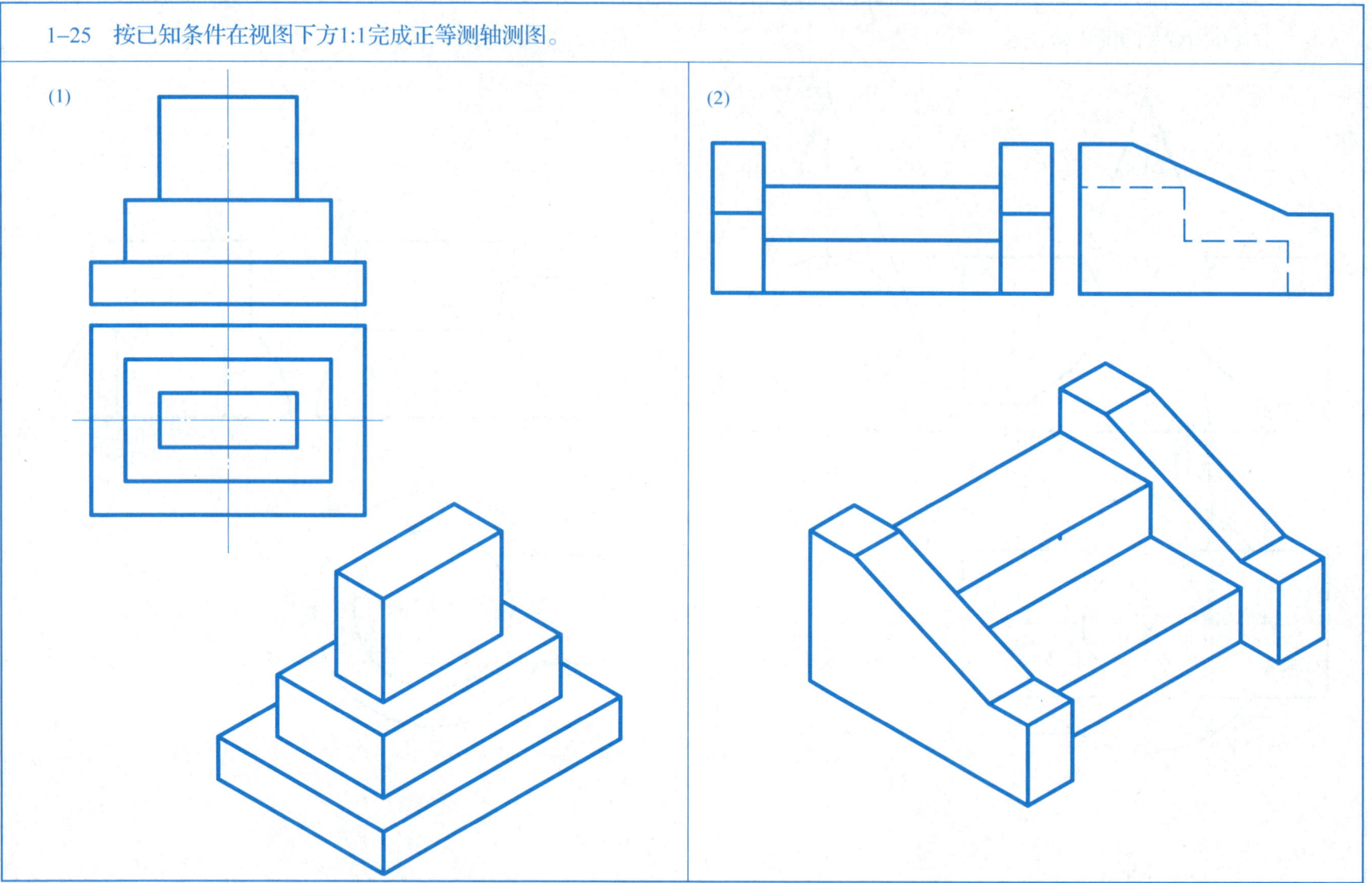

1-25 按已知条件在视图下方1:1完成正等测轴测图。

(1)

(2)

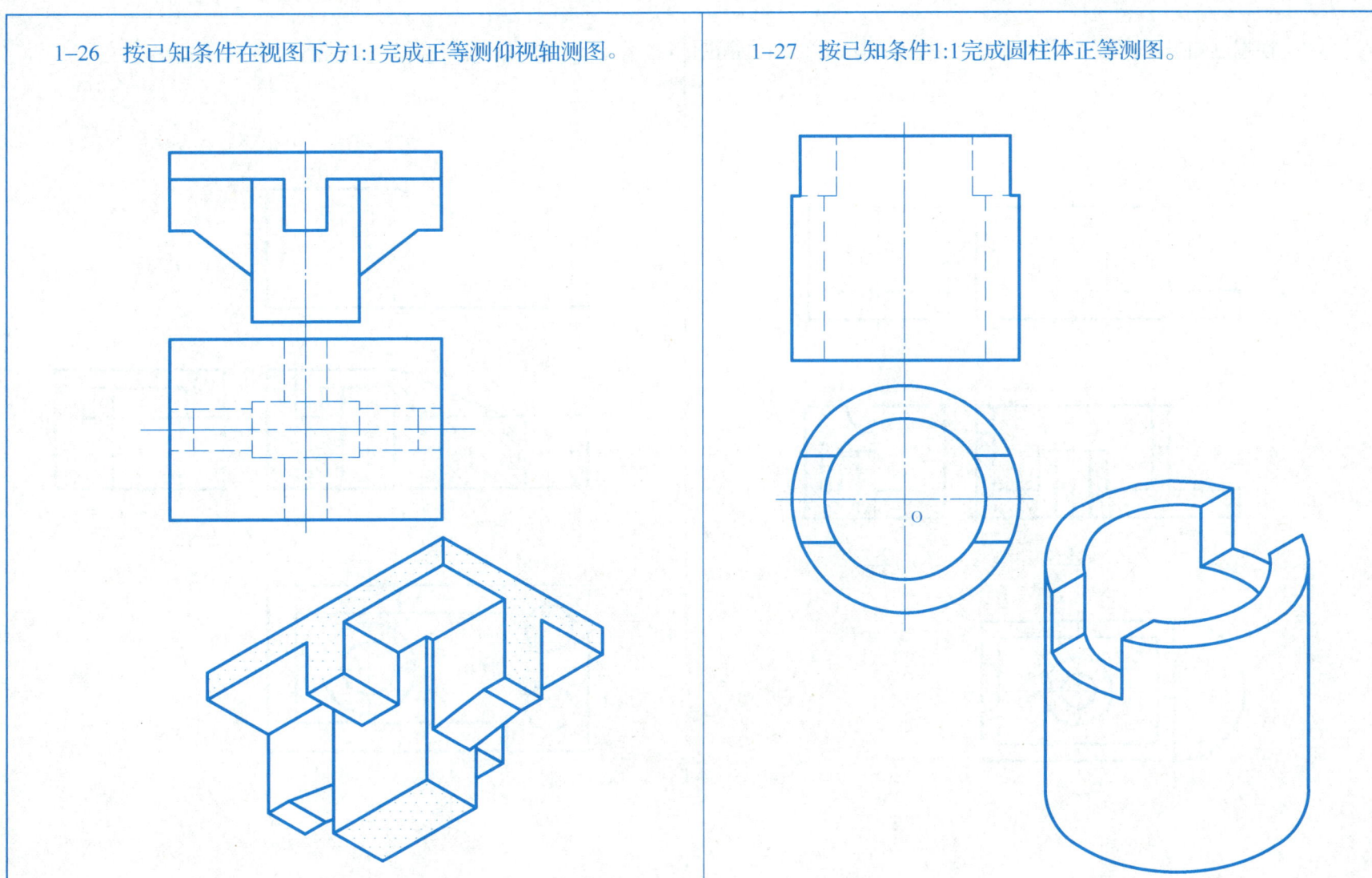

1-26 按已知条件在视图下方1:1完成正等测仰视轴测图。

1-27 按已知条件1:1完成圆柱体正等测图。

3-2 根据已知条件，在指定位置画出1-1全剖面图，画2-2半剖面图。

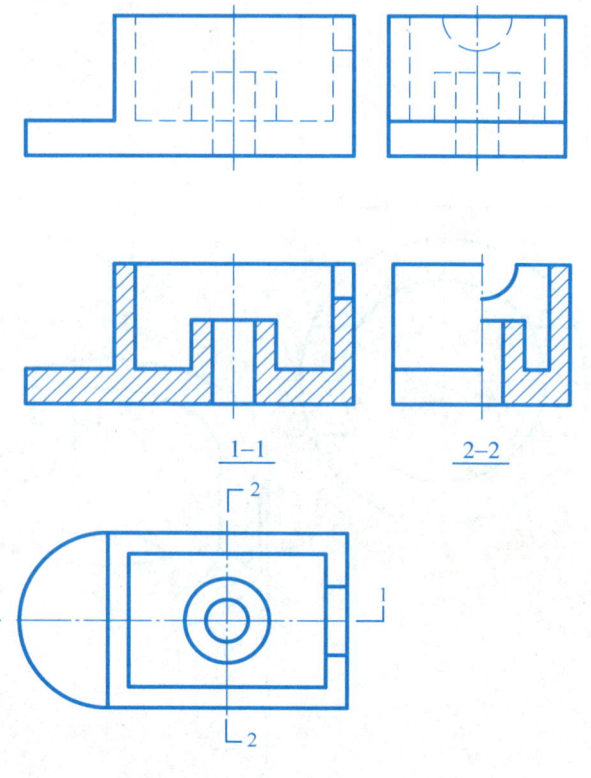

1-1

2-2

3-4 在指定位置画出1-1全剖面图和2-2半剖面图。

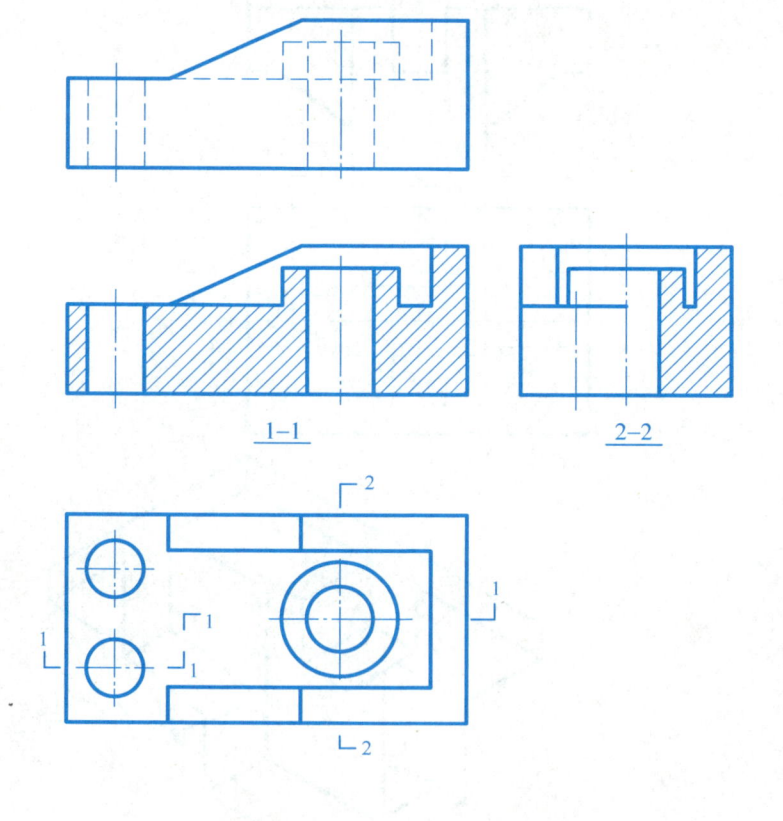

1-1

2-2

3-5 按指定位置作出建筑的2-2和3-3剖面图（窗高一致），并在A3纸上徒手抄绘1-1、2-2、3-3草图一张。

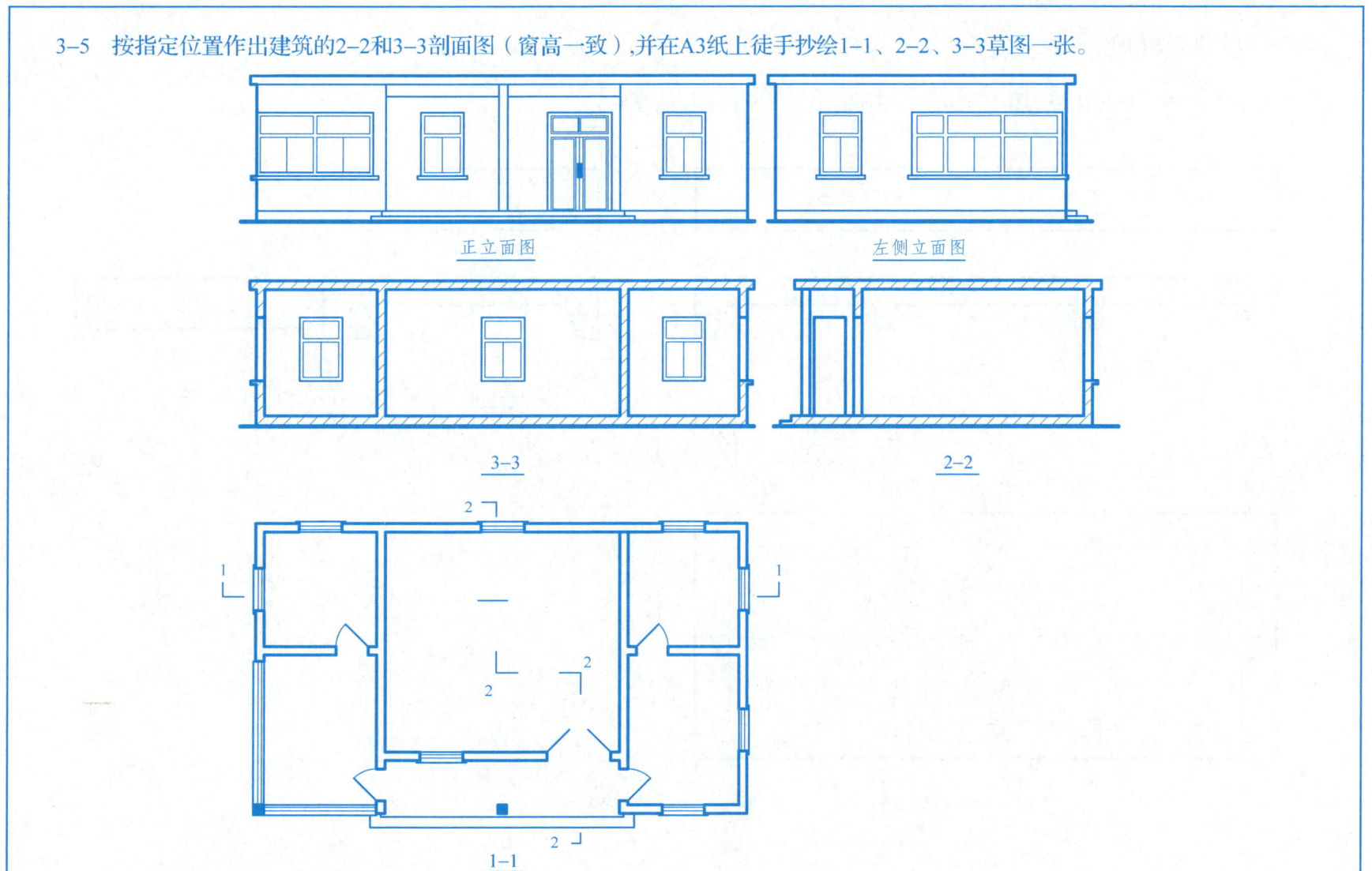

正立面图　　　　　　左侧立面图

3-3　　　　　　2-2

1-1

3-6 剖面图与断面图

(2) 据已知条件，试作出板的1-1、2-2、3-3断面图（浅色轮廓仅供参考）。

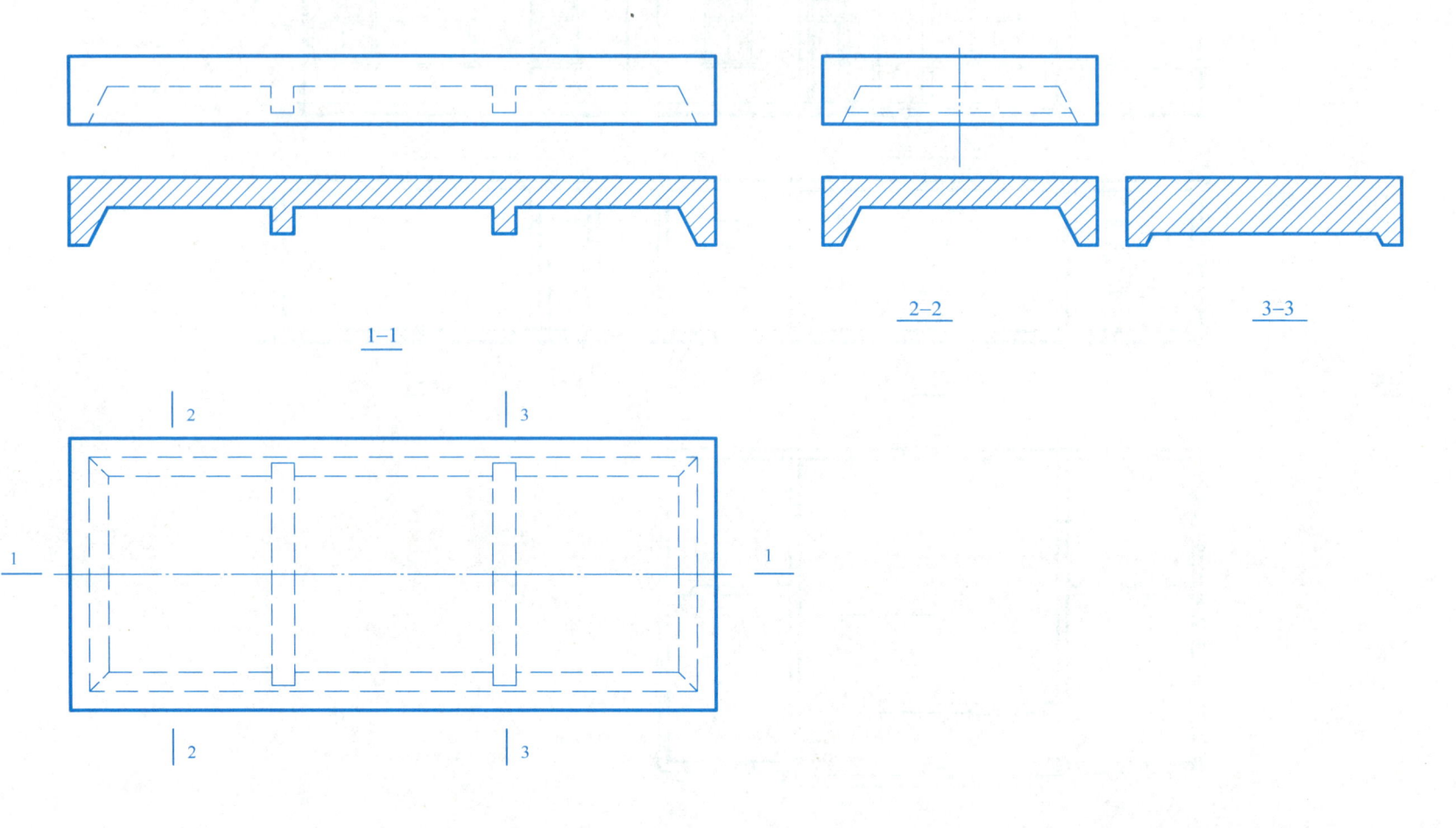

1-1

2-2

3-3

4-1 CAD练习:直线、样条曲线,线型、图层特性管理等操作方法
　　　(1:1绘制,并要求抄绘原题)。

(3) 据已知条件,求球体的截交线。

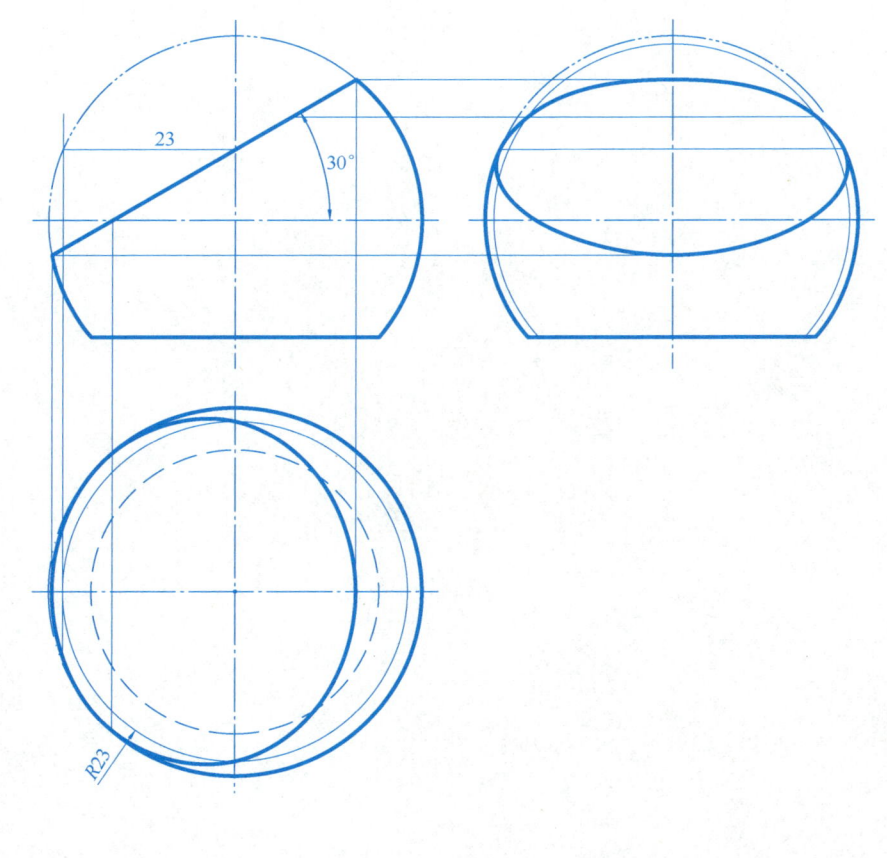

4-2 CAD练习:样条曲线操作方法(1:1绘图)。

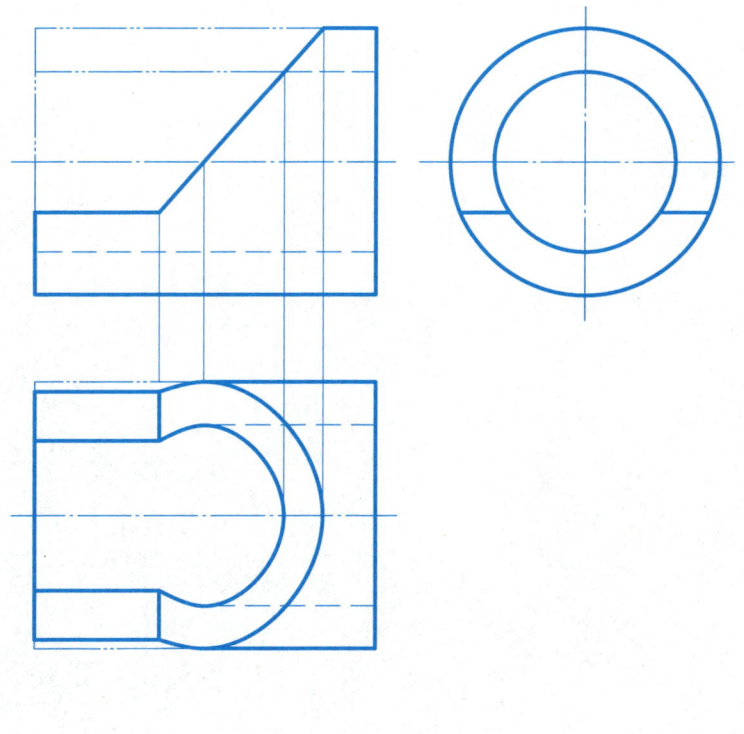